SCHOLASTIC

WHO WOULD WIN

猜猜谁会赢

霸王龙对战迅猛龙

TYRANNOSAURUS REX

VELOCIRAPTOR

[美] 杰瑞·帕洛塔 / 著　[美] 罗布·博斯特 / 绘　纪园园 / 译

中信出版集团 · 北京

图书在版编目（CIP）数据

霸王龙对战迅猛龙 /（美）杰瑞 · 帕洛塔著；（美）罗布 · 博斯特绘；纪园园译 . -- 北京：中信出版社，2018.1（2024.12 重印）
（猜猜谁会赢）
书名原文：Who Would Win? Tyrannosaurus Rex vs. Velociraptor
ISBN 978-7-5086-7906-8

I. ① 霸… Ⅱ . ①杰… ②罗… ③纪… Ⅲ . ①恐龙 – 少儿读物 Ⅳ . ① Q915.864-49

中国版本图书馆 CIP 数据核字（2017）第 173664 号

霸王龙对战迅猛龙
（猜猜谁会赢）

著　　者：[美] 杰瑞 · 帕洛塔
绘　　者：[美] 罗布 · 博斯特
译　　者：纪园园
出版发行：中信出版集团股份有限公司
（北京市朝阳区东三环北路 27 号嘉铭中心　邮编　100020）
承 印 者：北京尚唐印刷包装有限公司

开　　本：787mm × 1092mm　1/16　　印　　张：26　　字　　数：228.8 千字
版　　次：2018 年 1 月第 1 版　　印　　次：2024 年 12 月第 20 次印刷
京权图字：01-2017-6372
书　　号：ISBN 978-7-5086-7906-8
定　　价：169.00 元（全 13 册）

图书策划：红披风
策划编辑：谢媛媛　　责任编辑：谢媛媛　黄盼盼　　营销编辑：单云龙　谢　沐
装帧设计：谭　潇　颂煜图文　　责任印制：刘新蓉

让我们回到几千万年前。

如果一只霸王龙和一只迅猛龙狭路相逢，会有什么好戏上演？如果它们都饥肠辘辘，大战一场，你认为谁会赢？

翼 龙

数千万年前，地球上生活着三种巨型生物。在天上飞的是翼龙。

你知道吗？
翼龙的英文名称意思是“带翅膀的蜥蜴”。

蛇颈龙

百科
蛇颈龙的英文名称意思是“类似蜥蜴”。

在水中游的是蛇颈龙。

记住
那时还有其他几种海洋爬行动物，比如沧龙、鱼龙、上龙、幻龙等。

恐 龙

在陆地上行走的是恐龙。

百 科

恐龙英文名的意思是“恐怖的蜥蜴”。

有的恐龙用两条腿行走，有的用四条腿行走。

现在，翼龙、蛇颈龙和恐龙都已灭绝，在地球上已经不存在了。

霸王龙的拉丁学名：*Tyrannosaurus rex*

让我们来认识一下霸王龙，它的拉丁学名“*Tyrannosaurus rex*”的意思是“残暴的蜥蜴王”。霸王龙有着硕大的头颅、尖利的牙齿、粗壮的后腿和短小的前腿，光是看一眼就够可怕的了。没有人知道霸王龙实际上是什么颜色，你觉得应该是什么颜色呢？

趣事百科

现在的蜥蜴颜色多种多样，有的甚至还会变色，所以霸王龙是什么颜色都有可能。

问题

霸王龙可能是粉色的吗？这个好像不太可能。

设想

霸王龙有可能是绿色的，就像现在的鬣蜥一样。

迅猛龙的拉丁学名：
Velociraptor

让我们来认识一下迅猛龙，它的拉丁学名“*Velociraptor*”的意思是“敏捷的盗贼”。古生物学家认为迅猛龙长这个样子。迅猛龙看起来就是个天生的速度型杀手，最擅长快速袭击。

趣事百科

古生物学家专门研究史前生物。

释义

“史前”的意思是“有历史记载之前”。

化石

现代人只能通过化石来推测霸王龙的面目了。下图就是霸王龙化石的发掘现场。

释义

“化石”是死去的动植物存留下来的遗骸。

趣事百科

目前发掘的最大最完整的霸王龙骨架化石叫作“苏”，它是被一位名叫苏·亨德里克森的古生物学家发现的，因此得名。

迅猛龙同样也是因为古生物学家和地质学家们发现了它们的化石，才得以为人们所知。

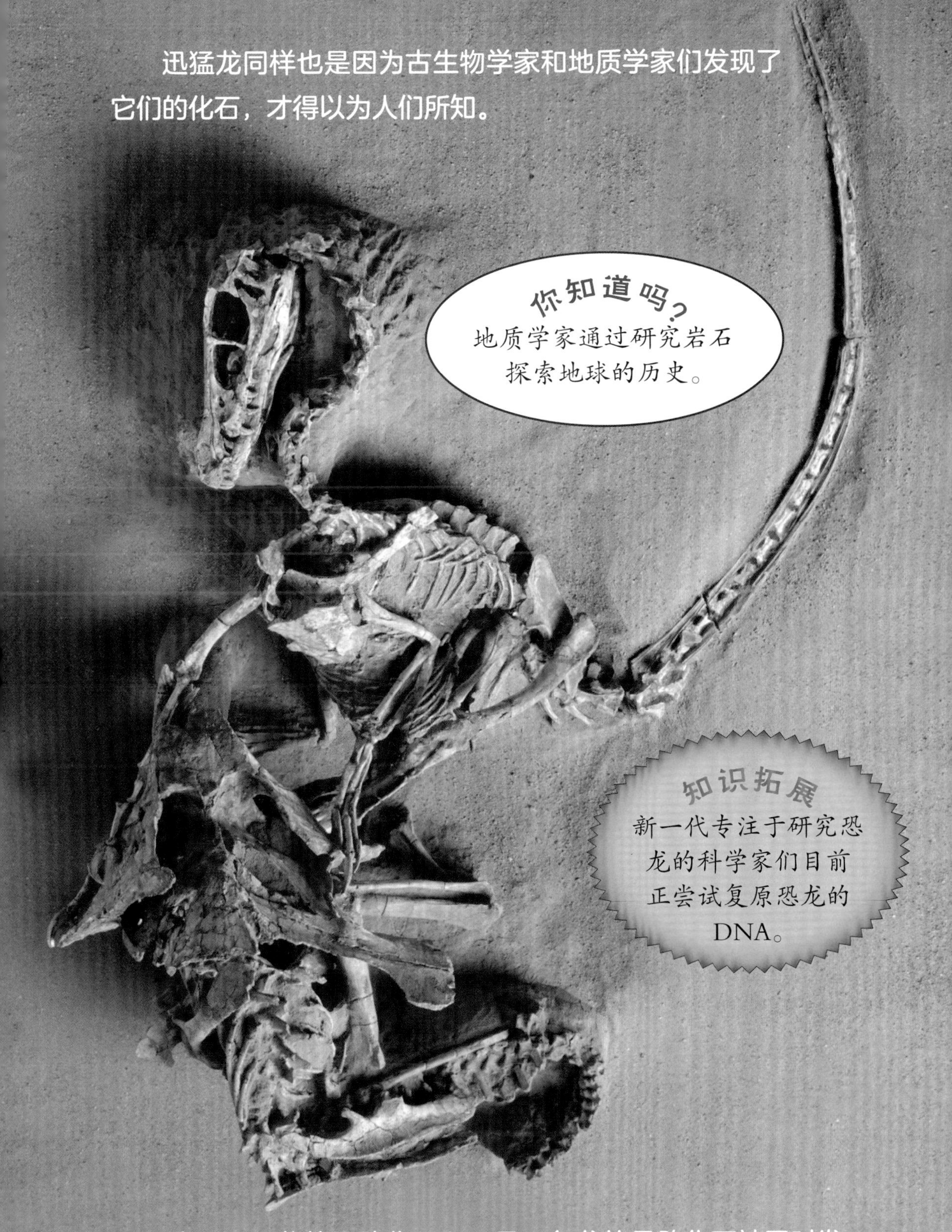

你知道吗？

地质学家通过研究岩石探索地球的历史。

知识拓展

新一代专注于研究恐龙的科学家们目前正尝试复原恐龙的DNA。

这具迅猛龙的骨骼化石和一具三角龙的骨骼化石被同时发现。很显然，二者正在搏斗，它们死于一场现实版的“猜猜谁会赢”的较量中。

这是一副完整的霸王龙的骨架。古生物学家将霸王龙的骨架拼装完整后，发现它是用两条腿行走的。

趣事百科

目前，还没有人发现过刚出生的霸王龙的化石，也许你会是那个发现它的人。

你知道吗？

霸王龙的足迹化石后面从未有尾巴拖曳的痕迹，这说明霸王龙在行走时尾巴从不拖在地上。

这是一副完整的迅猛龙的骨架。从化石上看，迅猛龙的骨架比霸王龙要小巧轻灵得多。

释义

当所有的骨头和关节都码放就位，一副完整的骨架标本就成形了。

趣事百科

现在有一些古生物学家认为迅猛龙身上生有羽毛。

迅猛龙百科

迅猛龙属于驰龙类，驰龙的拉丁学名的意思是“速度快的蜥蜴”。

霸王龙的双颚巨大，长着 50 多颗牙齿。很显然，这些牙齿不是用来吃素的。这些锋利如刀的牙齿是食肉动物的专利。

你知道吗？
食肉动物以肉为食，而食草动物以植物为食。

霸王龙百科
当霸王龙的化石首次在中国被发现时，人们以为这是上古神兽“龙”的骨骼。

霸王龙的大脑很小，你觉得它会思考些什么呢？

迅猛龙也有着一口锋利的牙齿，这表明它也是食肉动物。

问题

你想当这只恐龙的牙医吗？

记住

从比例上看，迅猛龙的脑容量要比霸王龙大。

迅猛龙的牙齿全部钩向内侧，这样可以更牢固地控制住猎物。

有些科学家认为霸王龙是凶残的掠食者。它体形庞大，牙齿锋利，看起来应该身处食物链顶端。很难想象有什么动物会想去挑战霸王龙。

释义

处于食物链顶端意味着在自然界没有天敌。

好恶心啊

食腐动物以死去的动物尸体为食。

另一些科学家则认为，霸王龙并没有很强的攻击性，而是食腐动物。它们不去猎食活的动物，而是以动物尸体为食。

迅猛龙是掠食动物，主要捕捉小型动物。科学家们认为，它们捕猎时集体出动，擅长发动快速袭击。

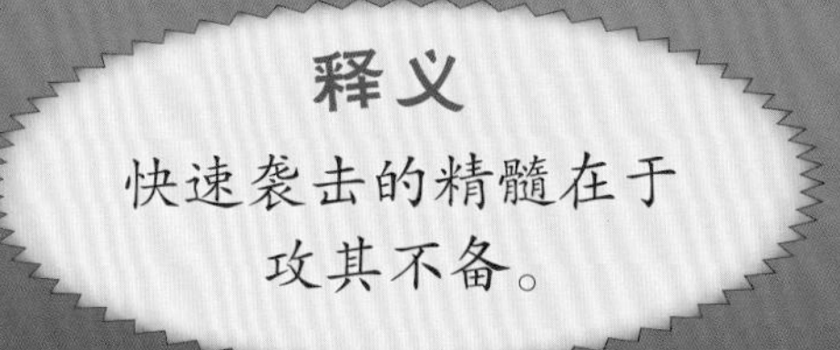

释义

快速袭击的精髓在于攻其不备。

你怎么看？

如何称呼许多只迅猛龙，一帮？一伙？一队？一组？一拨？还是别的什么？

霸王龙的脚

“嘭！嘭！嘭！”这是霸王龙的脚步声，大地都为之颤抖，向周围的动物发出警报。“嘭！嘭！嘭！”

问题

霸王龙和鸡有什么相同之处？

答案

它们都有四个脚趾。

一个脚趾（马）

两个脚趾（树懒）

三个脚趾（犀牛）

四个脚趾（鸡）

五个脚趾（人）

迅猛龙的脚

古生物学家认为迅猛龙擅长隐蔽自己，走起路来悄无声息，在靠近猎物时可能是踮着脚走路的。和其他恐龙不同的是，迅猛龙每只脚上都有一个锋利的镰刀爪。

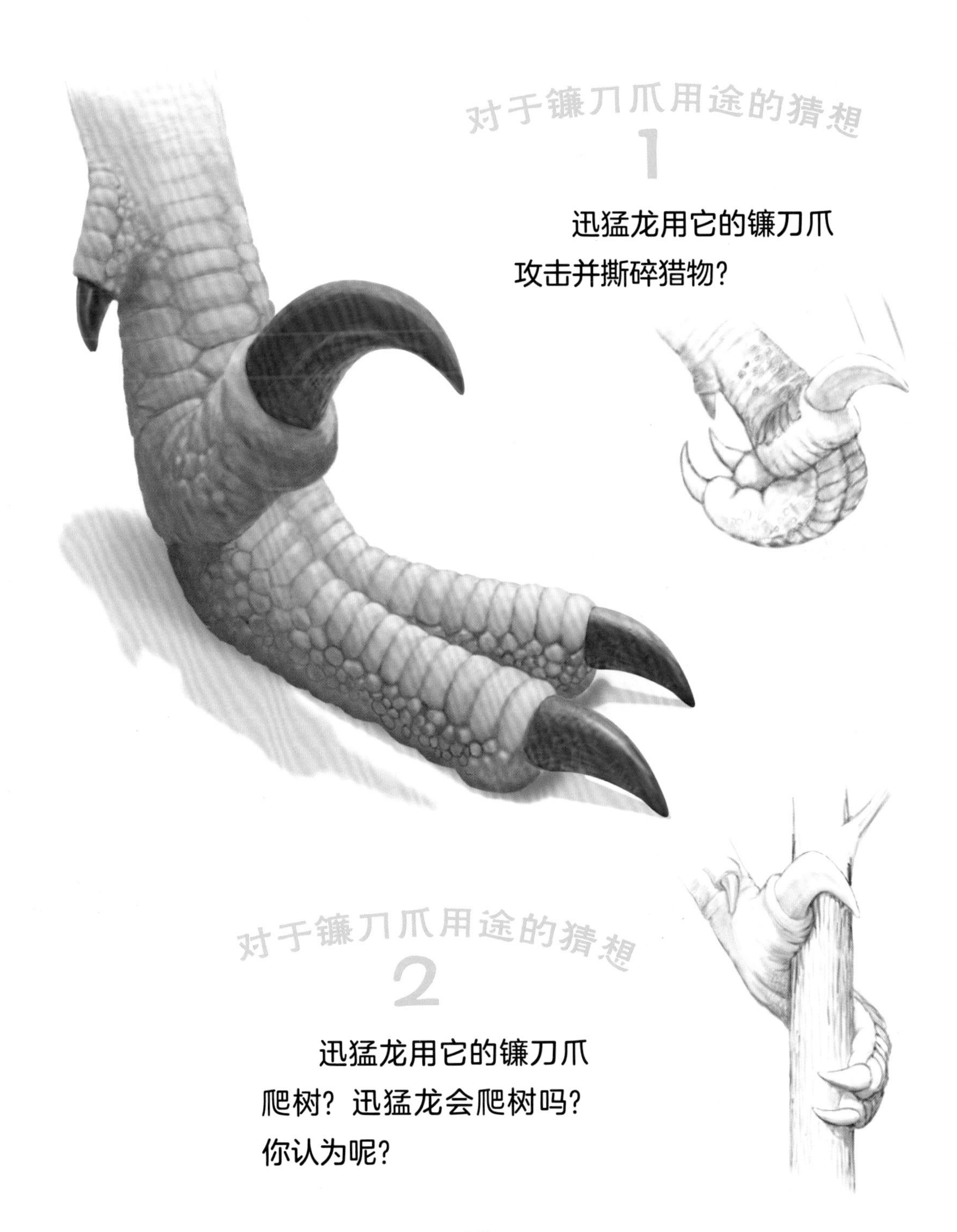

霸王龙的前肢

霸王龙的前肢非常细小，看起来没什么用处，它到底会用前肢做什么呢？霸王龙的前肢只有两个脚趾，如果参加橄榄球比赛，它肯定会丢球的。

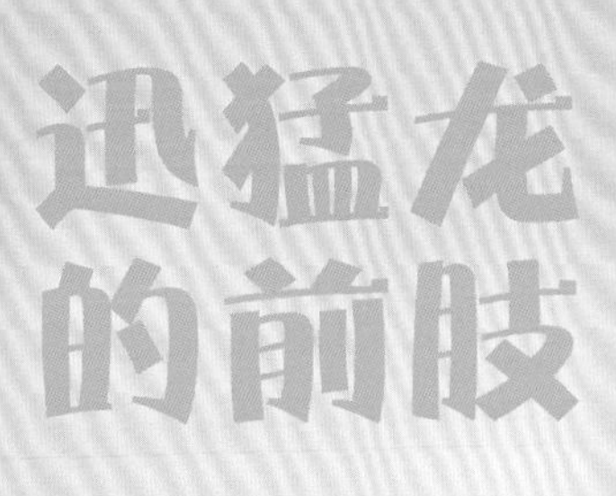

关于爪

人的手指和脚趾上有指甲，恐龙则有爪（zhǎo）。迅猛龙前肢上的爪尤为锋利。

太锋利了

迅猛龙前肢上的爪既长又锋利，并且十分强壮有力，是它作为捕食者的绝佳武器，使它能够轻而易举地将猎物撕碎。

迅猛龙的前肢有三个脚趾，中间的最长，内侧的最短。

霸王龙的尾巴

霸王龙的尾巴主要起平衡作用，但也可以当作武器来使用。被它的尾巴抽一下可不是闹着玩的。

迅猛龙的尾巴

恐龙百科

目前已知的最大的迅猛龙是犹他迅猛龙，体长6米。

不同恐龙的尾巴

尾梢有骨球

甲龙

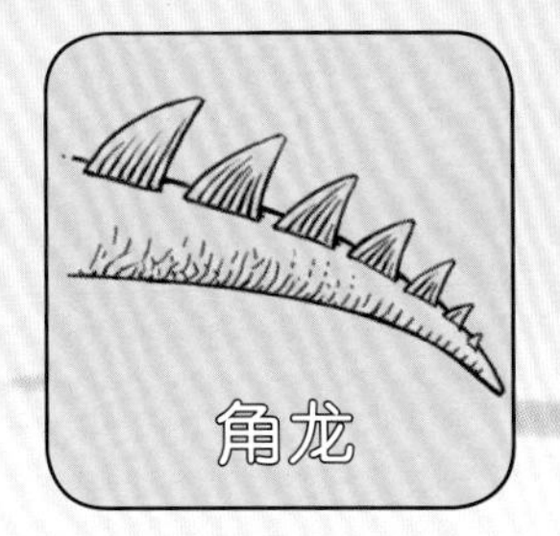
尾部有脊板

角龙

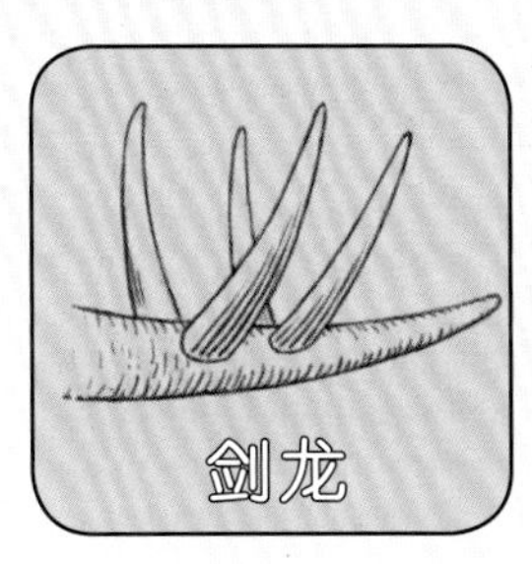
尾部有尖刺

剑龙

现在一些研究恐龙的专家认为，迅猛龙的尾巴可能是又直又硬的。

恐龙为什么

它们过马路的时候不知道向两侧张望。

它们开车的时候总是玩手机。

它们玩滑板时总喜欢做危险动作，摔死了。

会灭绝？

它们电子游戏玩
得太多，脑子坏掉了。

它们喜欢爬树，
但不知道怎么下来。

来自其他星系的
外星人袭击了地球，
杀死了所有的恐龙。

恐龙灭绝的科学猜想

地外撞击

一颗大直径的小行星撞击了地球，使地球环境发生改变。

小型动物的崛起

越来越多小型动物偷吃恐龙的蛋，使恐龙蛋孵化的数量及不上被吃掉的数量。

食物链失衡

大型恐龙难以寻觅到食物，开始自相残杀。

频繁的火山喷发

大量的烟尘和火山灰弥漫到空气中，遮住了阳光，使得植物大批死亡。食草恐龙没有了食物来源而饿死，渐渐地，食肉恐龙也没有了食物来源，最终难逃一死。

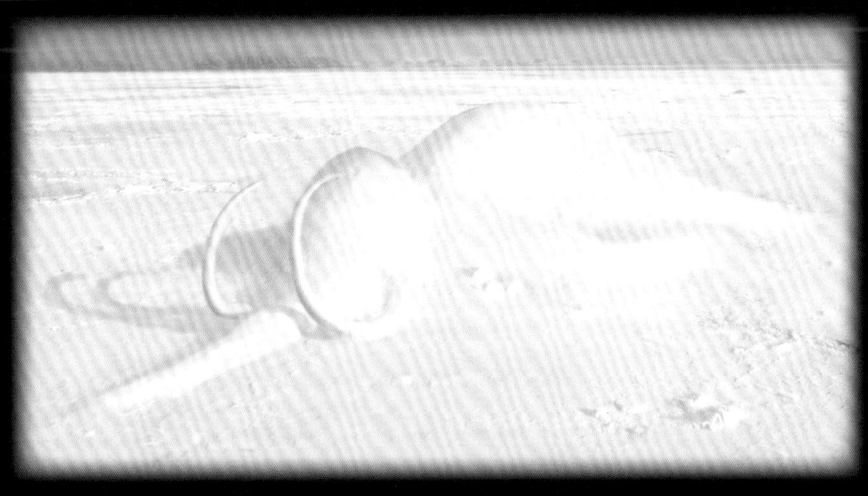

冰河时代来临

地球环境变得极度寒冷。

瘟疫爆发

新型的细菌和病毒爆发，恐龙无力抵挡。

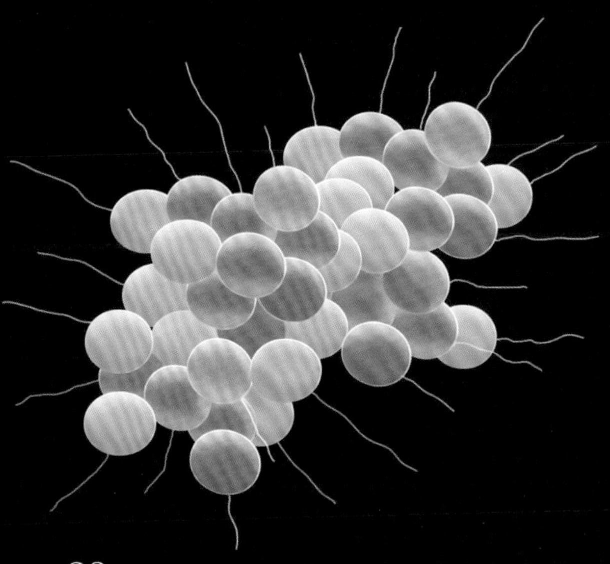

如果霸王龙和迅猛龙大战一场会怎样？你认为谁会赢？

你知道吗？

一只霸王龙可以长到 13 米长，髋部高 4 米，体重可达 7 吨。

一只霸王龙和一只迅猛龙正面相遇，这不是一场势均力敌的较量，因为霸王龙体形要大得多。但是迅猛龙似乎并不畏惧，也没有逃走，看来是有自己的绝招。

正当霸王龙准备进攻时，迅猛龙快速跳到了它的背上，用锋利的爪子划开了霸王龙的皮肤。愤怒的霸王龙用力一甩，迅猛龙被甩到了空中。

趣事百科

迅猛龙只有 0.9 ~ 1.2 米高，和一个幼儿园小朋友的身高差不多。

迅猛龙很快恢复过来，它又跳上了霸王龙的尾巴，继续用它尖利的爪子进行攻击，但是再一次被霸王龙甩到了地上。

迅猛龙开始发出“吱吱”的叫声。霸王龙忍无可忍，向迅猛龙发起进攻。迅猛龙的叫声更大了。

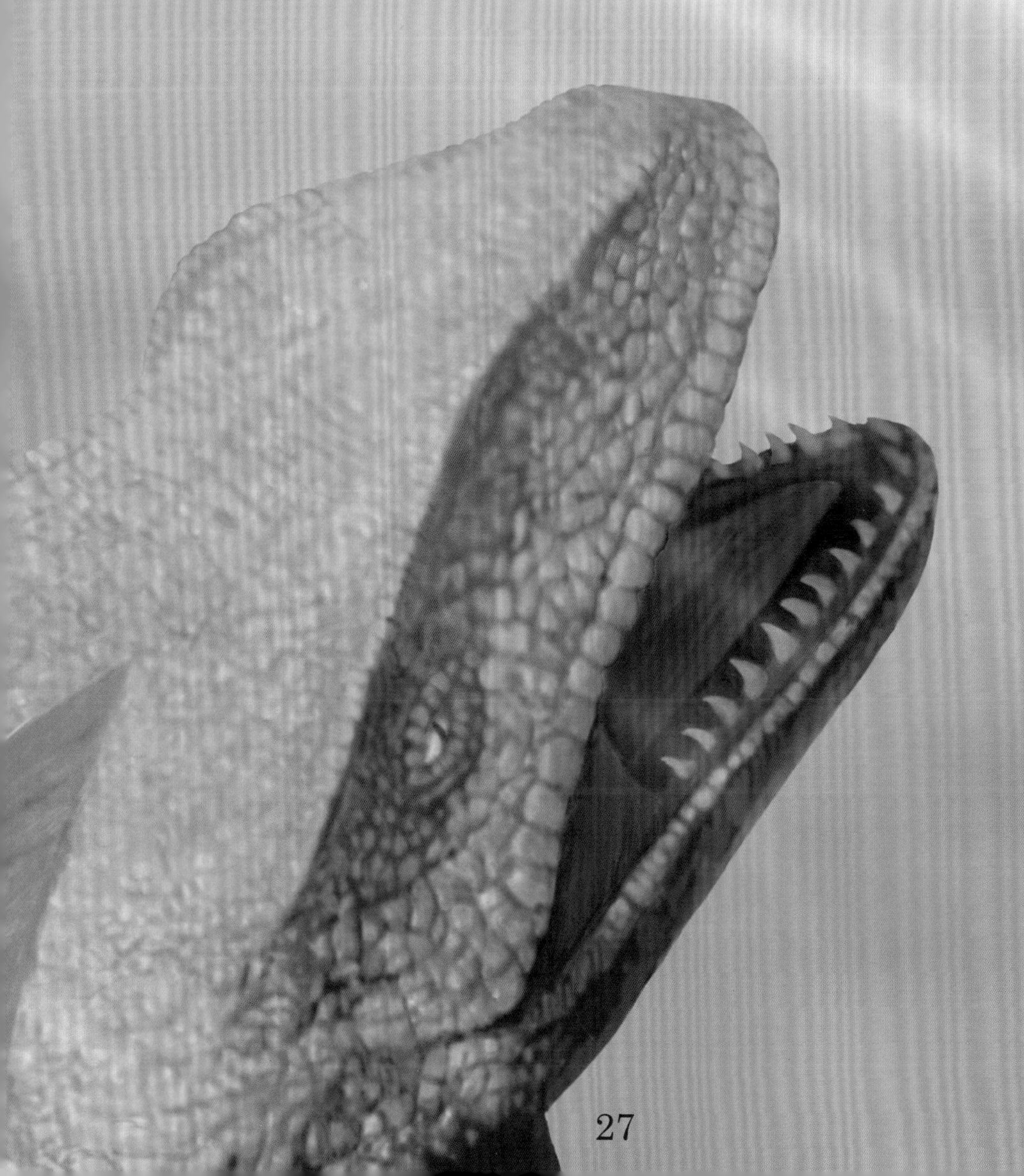

迅猛龙发出的信息得到了回应，一群迅猛龙前来增援。霸王龙捉住了一只迅猛龙，用牙齿将它撕碎，但自己已然陷入困境。

霸王龙本以为这场战斗只是小试牛刀，现在却演变成了殊死一搏。一只、两只，甚至三只迅猛龙都不是霸王龙的对手，但面对十多只迅猛龙，霸王龙还能招架得住吗？

迅猛龙发动连续进攻，持续地对霸王龙撕咬、抓挠。霸王龙最终轰然倒地，一命呜呼。团队协作的战斗力是不可小看的。

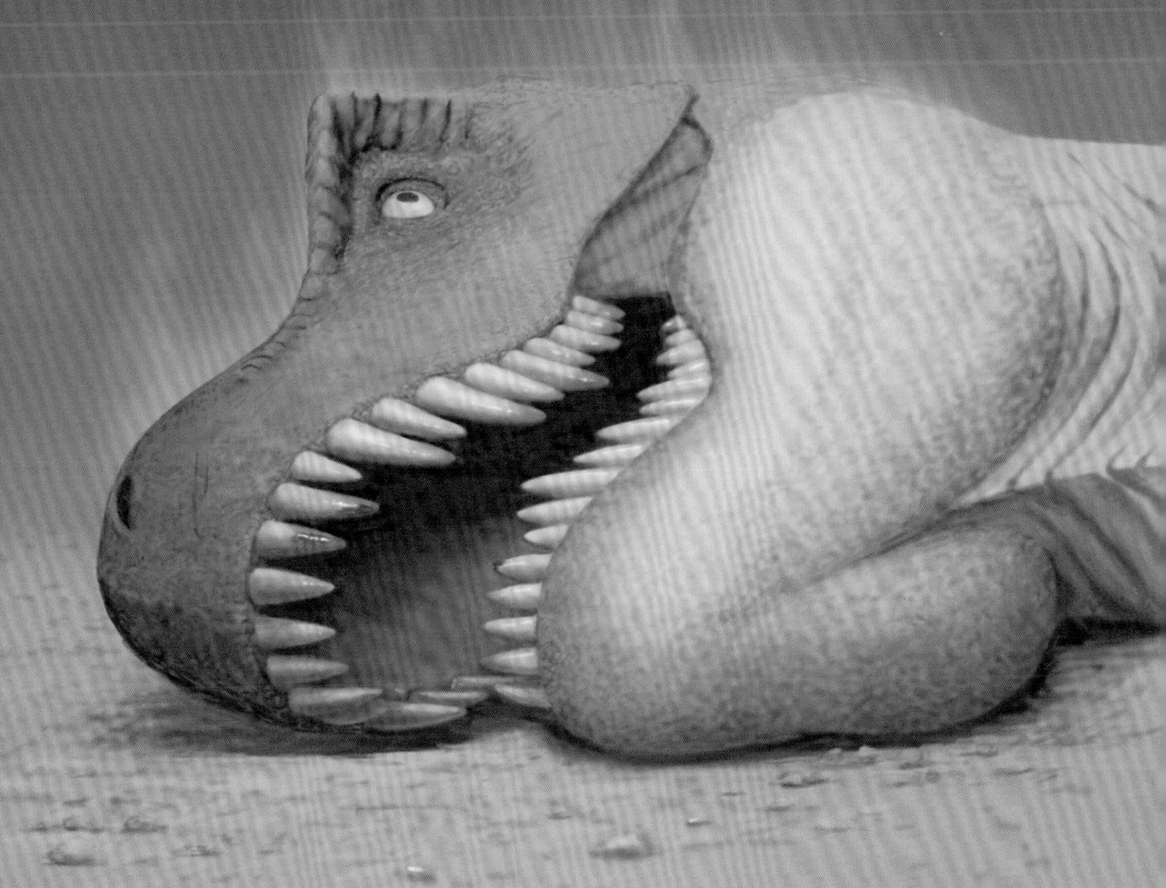

如果是一对一的对决，强大的霸王龙毫无疑问能够轻松战胜迅猛龙。然而在大自然中，决斗往往不是那么公平的。

实力大比拼

参数对比

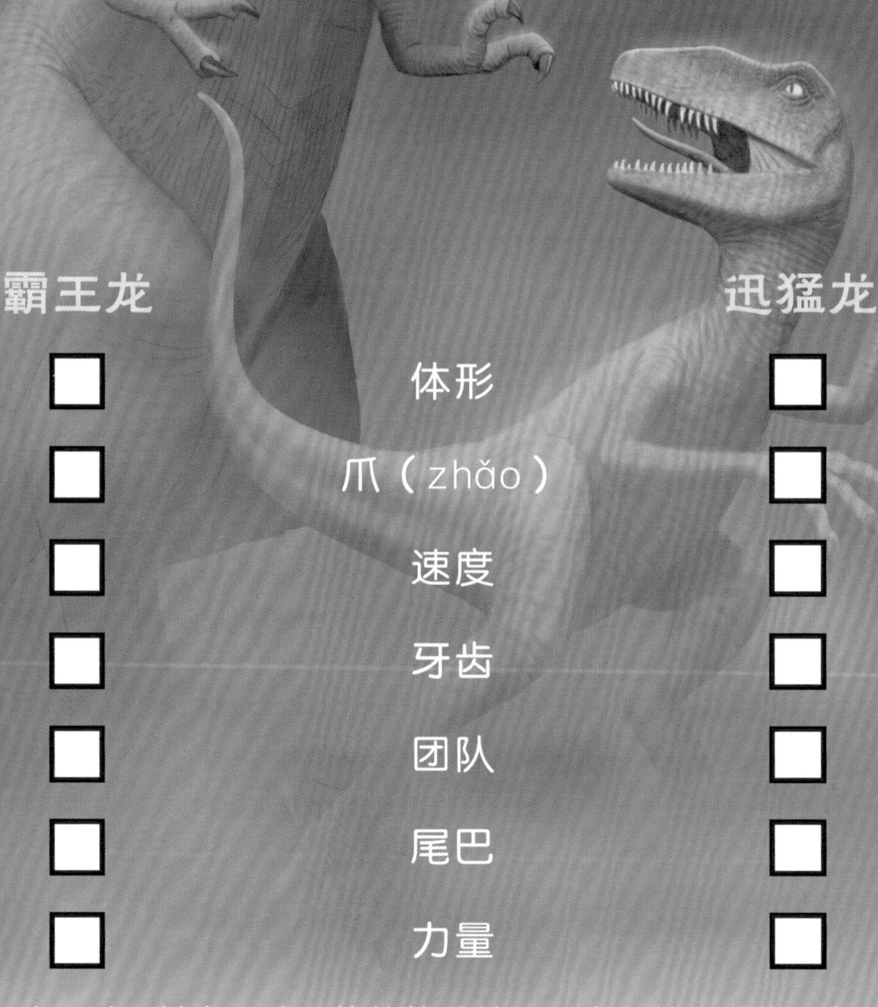

霸王龙		迅猛龙
□	体形	□
□	爪（zhǎo）	□
□	速度	□
□	牙齿	□
□	团队	□
□	尾巴	□
□	力量	□

这不过是其中一种可能的战斗结果。亲爱的小读者，如果是你，你会如何书写结局呢？

SCHOLASTIC

WHO WOULD WIN

猜猜谁会赢

科莫多巨蜥对战眼镜王蛇

KOMODO DRAGON

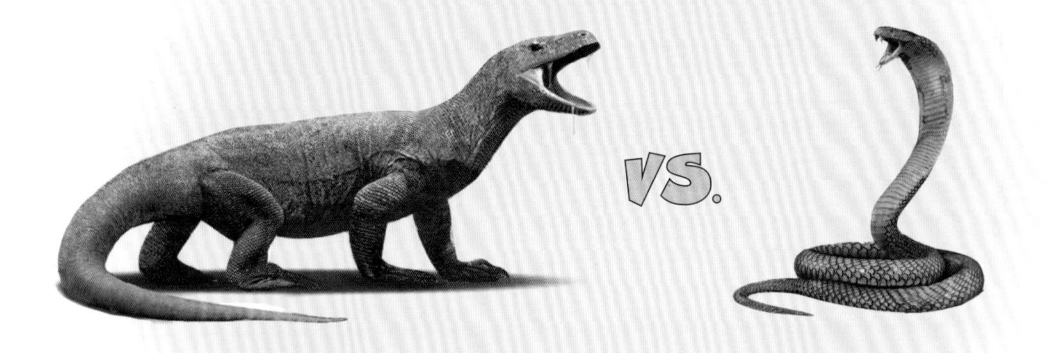

KING COBRA

[美]杰瑞·帕洛塔/著 [美]罗布·博斯特/绘 纪园园/译

中信出版集团·北京

图书在版编目（CIP）数据

科莫多巨蜥对战眼镜王蛇 /（美）杰瑞·帕洛塔著；（美）罗布·博斯特绘；纪园园译 . -- 北京：中信出版社，2018.1（2024.12 重印）
（猜猜谁会赢）
书名原文：Who Would Win? Komodo Dragon vs. King Cobra
ISBN 978-7-5086-7906-8

Ⅰ. ①科… Ⅱ. ①杰… ②罗… ③纪… Ⅲ. ①巨蜥科－少儿读物 ②眼镜蛇科－少儿读物 Ⅳ. ① Q959.6-49

中国版本图书馆 CIP 数据核字（2017）第 173668 号

科莫多巨蜥对战眼镜王蛇
（猜猜谁会赢）

著　　者：[美] 杰瑞·帕洛塔
绘　　者：[美] 罗布·博斯特
译　　者：纪园园
出版发行：中信出版集团股份有限公司
（北京市朝阳区东三环北路 27 号嘉铭中心　邮编　100020）
承 印 者：北京尚唐印刷包装有限公司

开　　本：787mm × 1092mm　1/16　　印　　张：26　　字　　数：228.8 千字
版　　次：2018 年 1 月第 1 版　　印　　次：2024 年 12 月第 20 次印刷
京权图字：01-2017-6372
书　　号：ISBN 978-7-5086-7906-8
定　　价：169.00 元（全 13 册）

图书策划：红披风
策划编辑：谢媛媛　　责任编辑：谢媛媛　黄盼盼　　营销编辑：单云龙　谢　沐
装帧设计：谭　潇　颂煜图文　　责任印制：刘新蓉

如果凶猛的科莫多巨蜥和致命的眼镜王蛇狭路相逢，会有什么好戏上演？如果双方都饥肠辘辘呢？如果它们进行一场大战，你认为谁会取胜呢？

科莫多巨蜥的拉丁学名：*Varanus komodoensis*

让我们来认识一下科莫多巨蜥。科莫多巨蜥是世界上体形最大的蜥蜴。它的体长可以达到 3 米，体重可达 136 千克。

爬行动物的定义

爬行动物是一种冷血动物，周身覆盖鳞片或骨板。乌龟、蛇、蜥蜴、鳄鱼和短吻鳄都属于爬行动物。（鳄鱼和短吻鳄不属于一个科，鳄鱼属于鳄科，而短吻鳄属于短吻鳄科。）

小知识

科莫多巨蜥分布在印度尼西亚的四个岛屿上：科莫多岛、林卡岛、弗洛雷斯岛和莫堂岛。

眼镜王蛇的拉丁学名：*Ophiophagus hannah*

让我们来认识一下眼镜王蛇。眼镜王蛇是一种毒蛇，它的体长可以达到 5.5 米，体重可达 9 千克。

毒蛇的定义

毒蛇指的是会分泌毒液的蛇。

蛇的定义

蛇是一种爬行动物，没有手脚，也没有眼皮和外耳。

小知识

眼镜王蛇主要分布在中国、印度、印度尼西亚、菲律宾和其他一些东南亚国家。

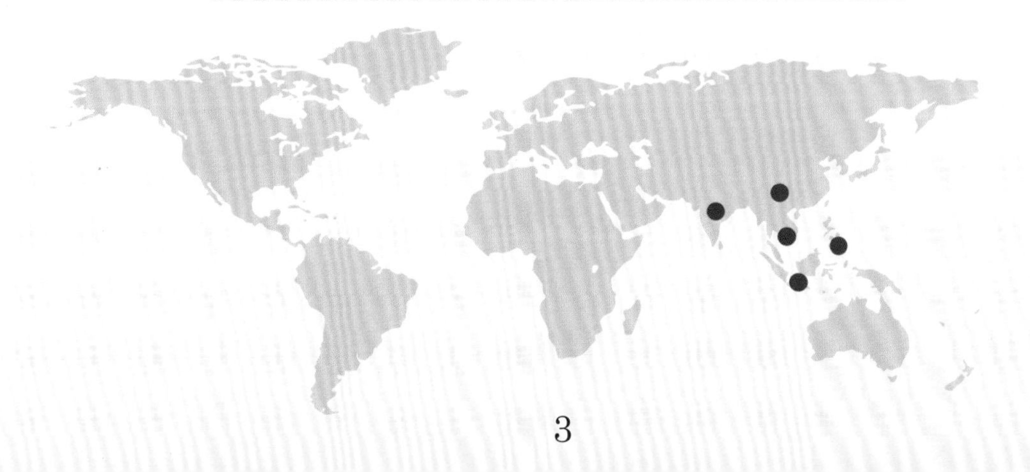

科莫多巨蜥的牙齿

科莫多巨蜥长着和鲨鱼一样的锯齿状牙齿，这在陆地动物身上很少见。

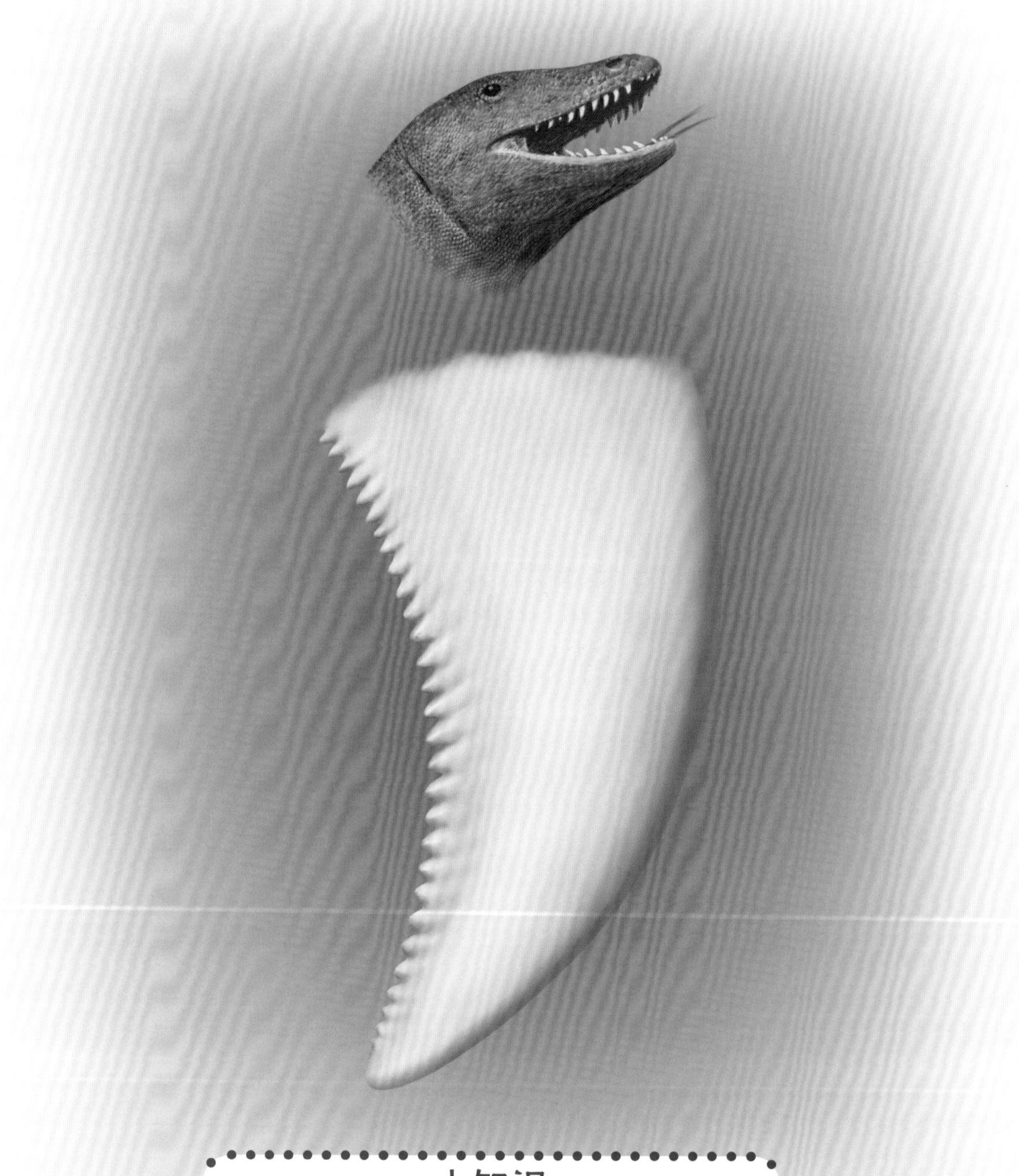

小知识

锯齿状牙齿是指牙齿上有许多缺口，像一把锯子。

眼镜王蛇的毒牙

眼镜王蛇长着一对细长的毒牙。毒牙是空心的，用来注射毒液。

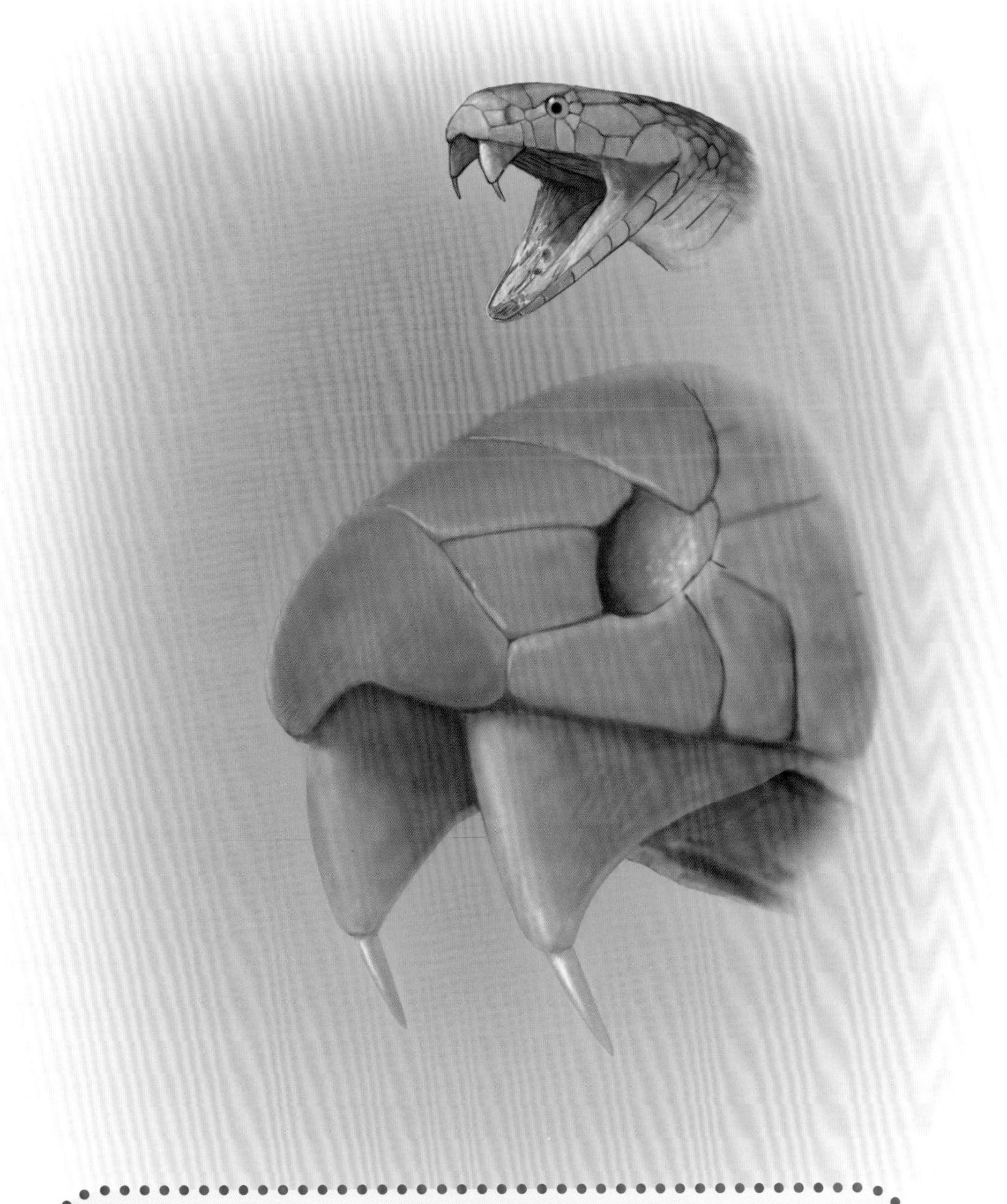

你知道吗？

如果食物太大了，眼镜王蛇可以打开双颚，撑大自己的嘴巴。

致命的毒液

现在世界上已知有三种有毒的蜥蜴：美国毒蜥、墨西哥毒蜴和科莫多巨蜥。除了分泌毒液之外，科莫多巨蜥的口腔中还含有危险的细菌。

释 义

蜥蜴是一种长着两对脚和一条尾巴的爬行动物。

致命的毒液

被眼镜王蛇咬一口将会是致命的。眼镜王蛇的毒液并不是蛇类中最毒的，但每次注射的毒液量却是最多的。毒液中含有神经毒素，眼镜王蛇咬一口所分泌的毒液足以杀死 1 头大象——或是 20 个人。

释　义

神经毒素是一种能够麻痹被咬者神经和肌肉的毒素。

关于蛇的冷知识

部分眼镜蛇能够喷射出毒液，但是眼镜王蛇做不到这一点。

叉状舌头

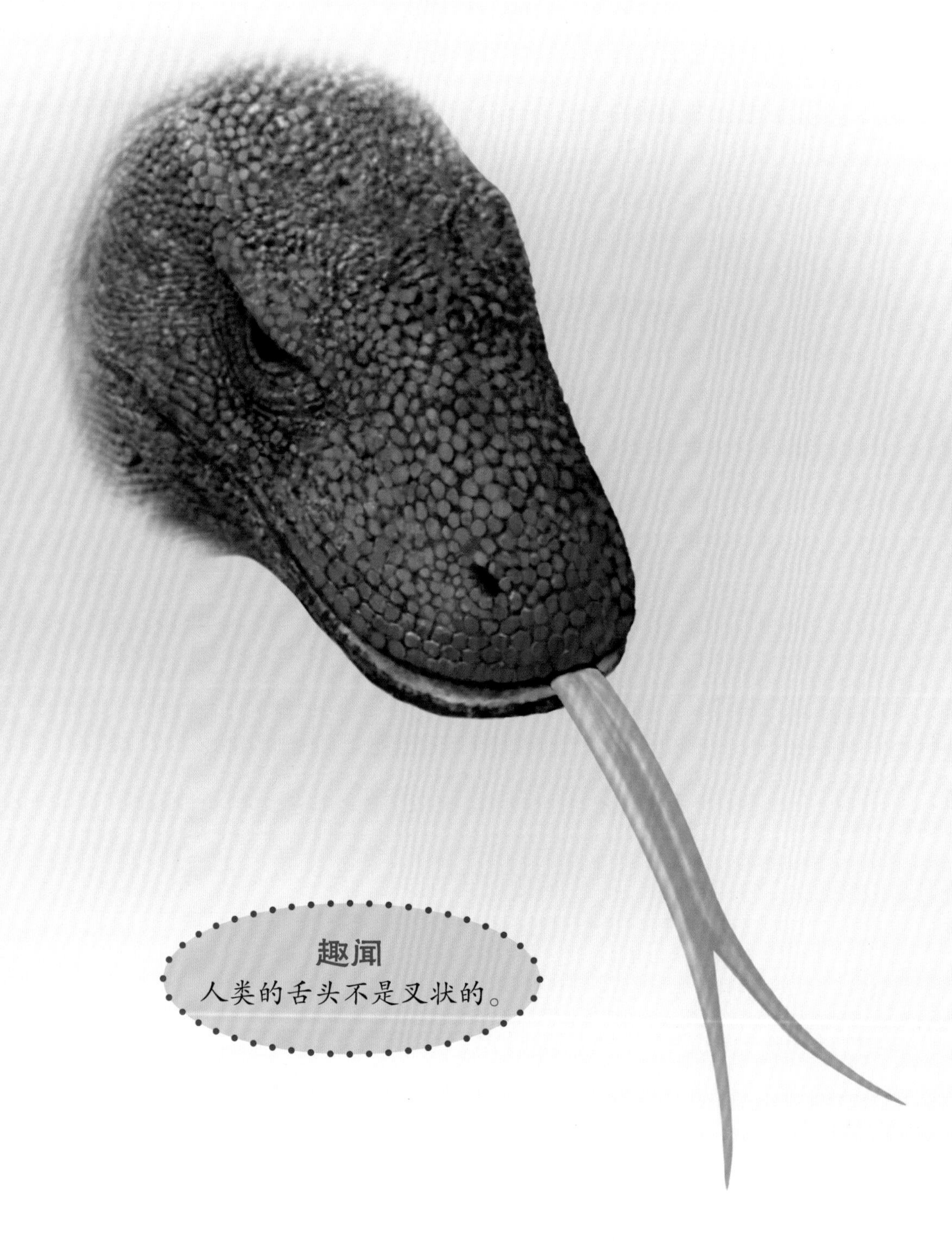

科莫多巨蜥的舌头像一把叉子，分为两半。它的舌头很敏感。科莫多巨蜥常常伸出舌头来探测附近是否有鹿。

叉状舌头

眼镜王蛇的舌头长得也像一把叉子。舌头是眼镜王蛇的嗅觉器官，它同时还能感知周围的活动和温度。

警告

你绝对不愿被眼镜王蛇咬上一口！

科莫多蜥的表皮

趣闻

一群蜥蜴在英语中被称作“lounge”。

（编者注：lounge 的原意是休息室。）

科莫多巨蜥的表皮长这样：

知识拓展

爬行动物都长有鳞片。

你知道吗？

蝴蝶、飞蛾和大多数鱼类也都长有鳞片。

蛇的鳞片

眼镜王蛇身上覆盖着鳞片。它的鳞片并不是湿滑的，而是干燥的。大多数蛇类的鳞片都有各自的图案。

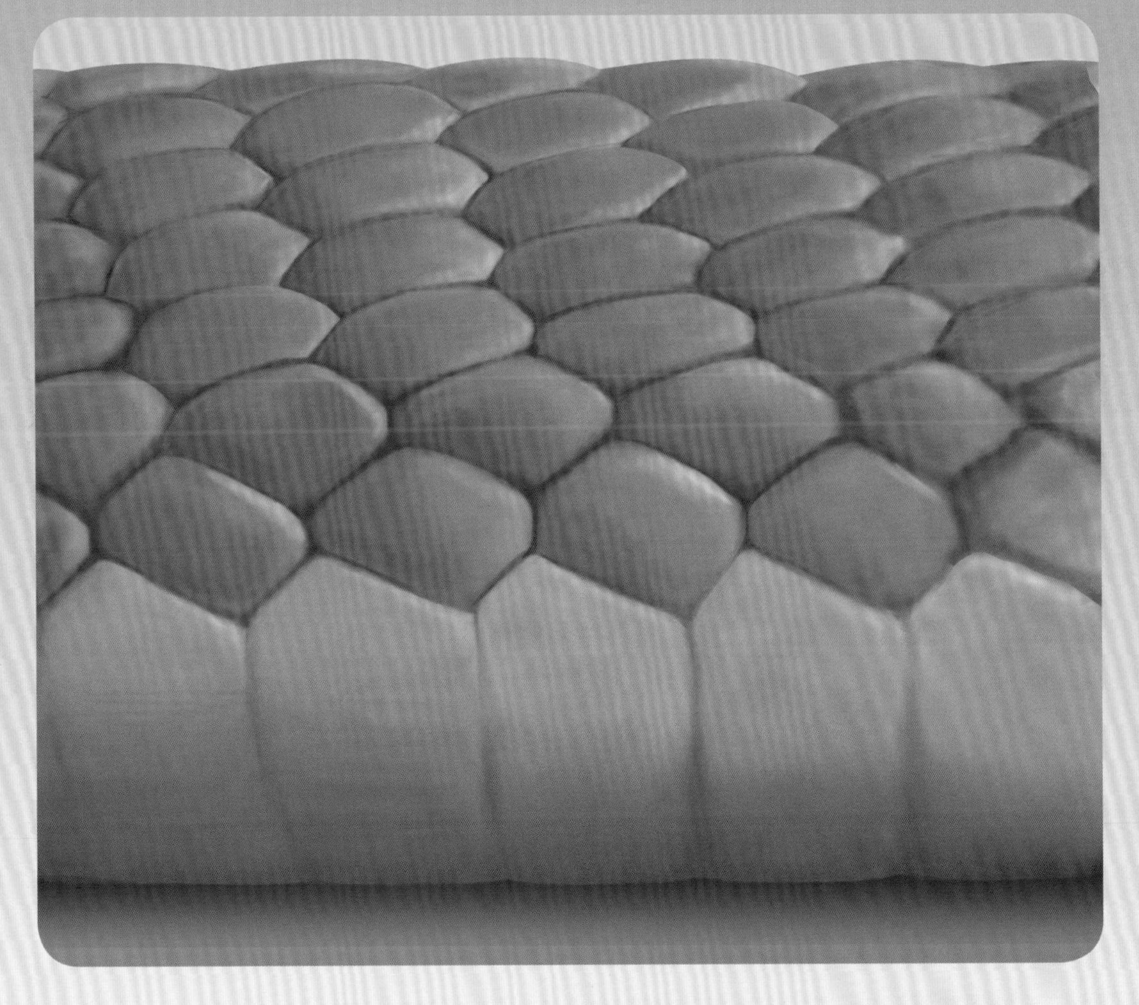

眼镜王蛇的表皮长这样（上图）。肚皮处的鳞片是最宽的。

趣闻

一群眼镜蛇在英语中被称作“quiver”。

（编者注：quiver 的原意是箭筒。）

科莫多巨蜥的颅骨

这是科莫多巨蜥的颅骨。它看上去有点平，就像鳄鱼或短吻鳄的颅骨。

小知识

任何试图从科莫多巨蜥面前逃跑的猎物都会被它的尖牙咬碎。

警告！

你绝对不愿被科莫多巨蜥咬上一口！

科莫多巨蜥的别称

科莫多巨蜥也被称作“陆上鳄鱼”。

眼镜王蛇的颅骨

这是眼镜王蛇的颅骨。由于颅骨比较小，眼镜王蛇的头部基本不受保护。

趣闻

针对蛇类的研究被称作“蛇类学”。

眼镜王蛇从不咀嚼食物。除了一对毒牙，它们的口腔里还长着两排小牙齿来帮助它们把食物放入口中。一般情况下，眼镜王蛇都会生吞整只猎物。

问题

你想成为研究蛇类的科学家吗？

科莫多巨蜥最喜爱的食物

科莫多巨蜥喜欢吃小型哺乳类动物，它们同样也吃蜥蜴和蛇类。科莫多巨蜥通过撕扯的方式将猎物杀死。

小知识

科莫多巨蜥食量惊人，可以轻松吃掉重量为自己体重一半的食物。

你知道吗？

科莫多巨蜥的毒液能够阻止血液凝结，有时这会导致被它咬伤的猎物因失血过多而死。

小知识

如果科莫多巨蜥吃了太多的毛发、骨头、趾甲和鳞片，它就会将这些东西变成一个巨大的球全部咳出来。

眼镜王蛇最喜爱的食物

眼镜王蛇最喜欢的食物是蛇。它的拉丁学名的意思就是“食蛇者”。

刚刚吃完

一个月后

两个月后

眼镜王蛇饱餐一顿之后，接下去的一两个月里可能都不会进食。

有腿的科莫多巨蜥

看一看科莫多巨蜥和眼镜王蛇的骨架，你能够马上发现它们的不同之处吗?

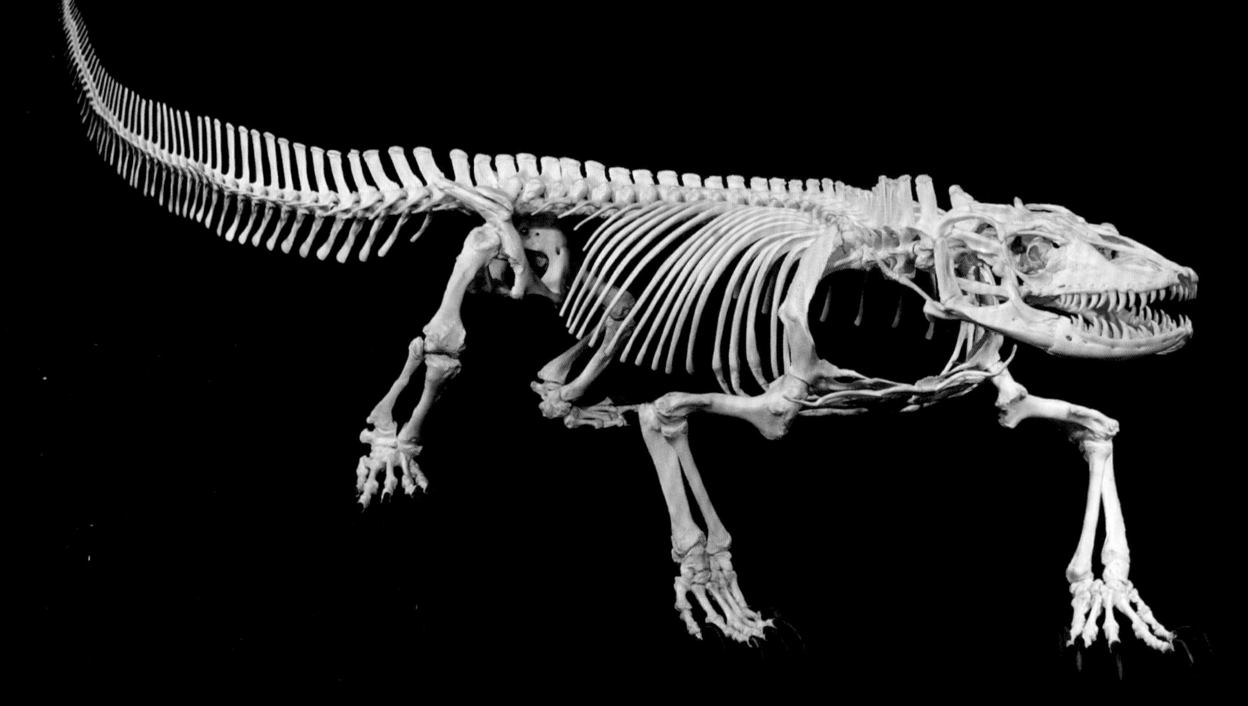

有价值的事实

印度尼西亚政府专门为科莫多巨蜥打造了一枚纪念金币。

科莫多巨蜥身上长着腿和脚趾，还有一条特别的尾巴。

没有腿的眼镜王蛇

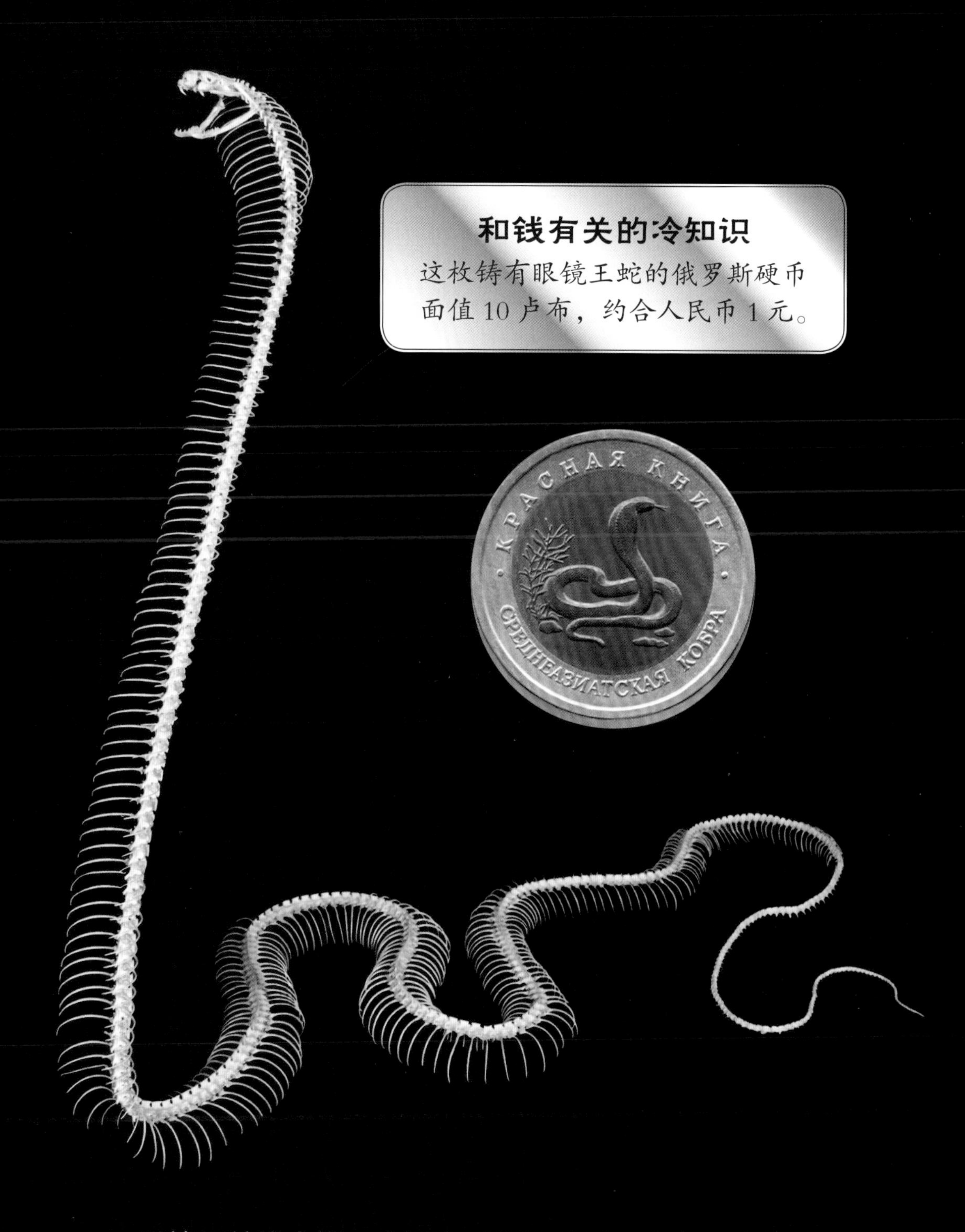

和钱有关的冷知识

这枚铸有眼镜王蛇的俄罗斯硬币面值 10 卢布，约合人民币 1 元。

眼镜王蛇没有腿，也没有手指和脚趾。它有很多根肋骨，这使它的身体看上去很像一条长长的尾巴。

小科莫多巨蜥

科莫多巨蜥妈妈每窝能够产下大约 25 枚蛋。刚诞生不久的小科莫多巨蜥生活在树上。它们的食物主要是小虫子、小蜥蜴、啮齿类动物和其他动物的蛋。

“一窝蛋”的定义

一窝蛋指的是鸟或者爬行动物一次性产下的多枚蛋。

令人作呕的事实

小科莫多巨蜥会在动物粪便中打滚，以此来保护自己。

小眼镜王蛇

趣闻

刚刚孵化出的小眼镜王蛇就具有分泌毒液的能力。

这是一条刚诞生不久的小眼镜王蛇。眼镜王蛇是唯一会筑巢的蛇类。它们的窝看上去跟鸟窝差不多。

冷知识

搭好窝之后，眼镜王蛇妈妈每次会产下 20 到 50 枚蛋。

奇怪的行为

你知道吗？

小科莫多巨蜥刚出生时身上会带有条纹图案，这些条纹会在它们长大后消失。

科莫多巨蜥有时会吃掉自己的孩子。不过，小科莫多巨蜥一般都很聪明，它们会爬到树上防止自己被吃掉。

更奇怪的行为

眼镜王蛇能够张开自己的肋骨，让自己看上去显得更大一些。这种行为被称作“颈部肌肉膨胀”。

膨胀

无膨胀

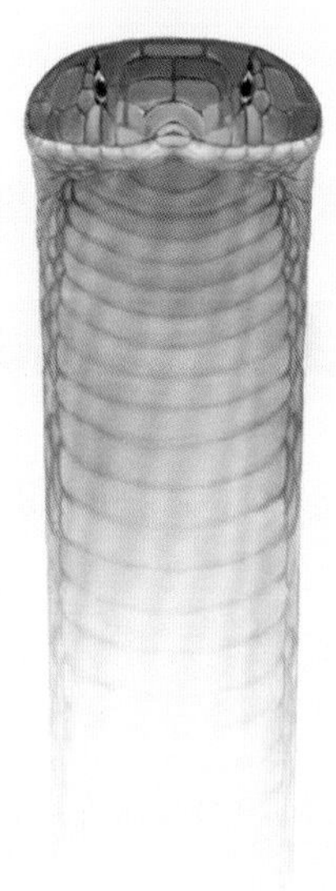

趣闻

这只眼镜王蛇头背面的图案被称作“眼镜斑纹”。

动物园

你可以在某些动物园里看到科莫多巨蜥。但是爬行动物总是长时间一动不动，因此你可能会扫兴而归。

趣闻

动物学中专门研究爬行动物的学科被称作“爬行动物学”。

问题

你想成为一个爬行动物学家吗？

宠　物

如果你去印度或泰国旅游，就有可能看见街头艺人与眼镜蛇一起表演节目。

趣闻

有些人会把眼镜王蛇或其他蛇类当作宠物。

科莫多巨蜥正在四处觅食。在饥肠辘辘时，它几乎会吃任何动物。但它还没有发现藏在附近草丛中的眼镜王蛇。

趣闻

在地球上的所有物种中，科莫多巨蜥大概是在外形和行走姿势方面和恐龙最接近的

动物。

眼镜王蛇对科莫多巨蜥没有兴趣。通常蛇类喜欢捕食那些它们可以一口吞下的东西。科莫多巨蜥实在是太大了！

科莫多巨蜥踱步到眼镜王蛇附近。眼镜王蛇抬起了头，颈部膨胀，发出低沉的声音。这是在警告恐吓对方！

眼镜王蛇只是想独自待着，然而，科莫多巨蜥继续在其周围踱步绕行。

你知道吗？

除了在地面上滑行，眼镜王蛇还会游泳和爬树。

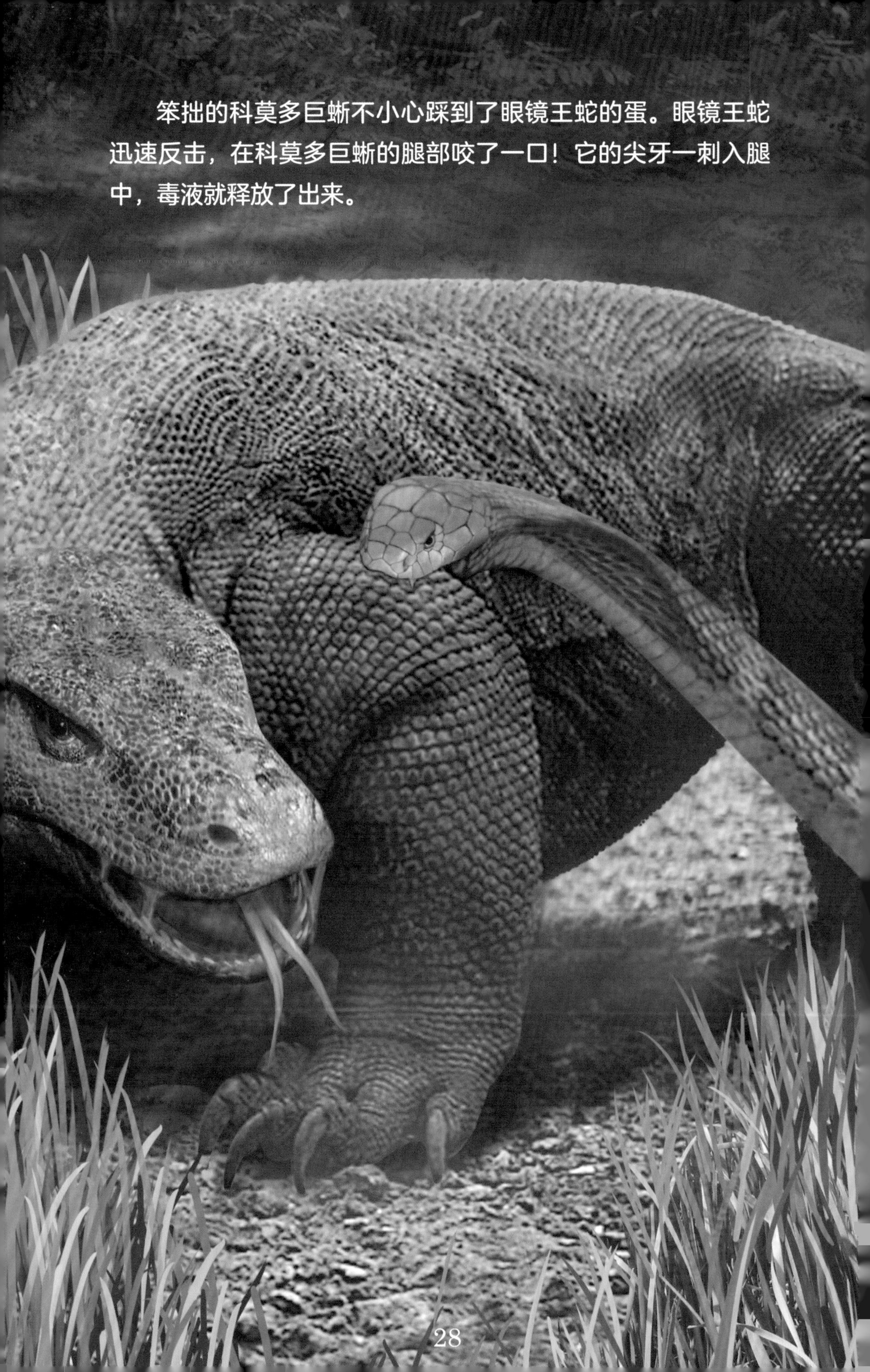

笨拙的科莫多巨蜥不小心踩到了眼镜王蛇的蛋。眼镜王蛇迅速反击，在科莫多巨蜥的腿部咬了一口！它的尖牙一刺入腿中，毒液就释放了出来。

受伤的科莫多巨蜥勉强走了几步，很快它的呼吸变得沉重起来。它的步伐变得踉踉跄跄，视线也逐渐模糊，一阵眩晕袭来，它终于支撑不住倒下了。

眼镜王蛇这致命的一口把科莫多巨蜥给杀死了！下一次，科莫多巨蜥或许会先发制人吧。

实力大比拼

参数对比

这不过是其中一种可能的战斗结果。亲爱的小读者，如果是你，你会怎么书写结局呢?

SCHOLASTIC

WHO WOULD WIN

猜猜谁会赢

北极熊对战灰熊

POLAR BEAR

VS.

GRIZZLY BEAR

[美]杰瑞·帕洛塔/著 [美]罗布·博斯特/绘 纪园园/译

中信出版集团·北京

图书在版编目（CIP）数据

北极熊对战灰熊 /（美）杰瑞 · 帕洛塔著；（美）罗布 · 博斯特绘；纪园园译 . -- 北京：中信出版社，2018.1（2024.12 重印）
（猜猜谁会赢）
书名原文：Who Would Win? Polar Bear vs. Grizzly Bear
ISBN 978-7-5086-7906-8

I. ① 北… II . ①杰… ②罗… ③纪… III . ①熊科 – 少儿读物 IV . ① Q959.838-49

中国版本图书馆 CIP 数据核字（2017）第 173666 号

北极熊对战灰熊
（猜猜谁会赢）

著　　者：[美] 杰瑞 · 帕洛塔
绘　　者：[美] 罗布 · 博斯特
译　　者：纪园园
出版发行：中信出版集团股份有限公司
（北京市朝阳区东三环北路 27 号嘉铭中心　邮编　100020）
承 印 者：北京尚唐印刷包装有限公司

开　　本：787mm × 1092mm　1/16　　印　　张：26　　字　　数：228.8 千字
版　　次：2018 年 1 月第 1 版　　印　　次：2024 年 12 月第 20 次印刷
京权图字：01-2017-6372
书　　号：ISBN 978-7-5086-7906-8
定　　价：169.00 元（全 13 册）

图书策划：红披风
策划编辑：谢媛媛　　责任编辑：谢媛媛　黄盼盼　　营销编辑：单云龙　谢　沐
装帧设计：谭　潇　颂煜图文　　责任印制：刘新蓉

在北极，冬季的时候，北极熊和灰熊的住处离得很远。但是到了夏天，北极熊和灰熊为了寻找食物，有时会同时出现在同一地点。

如果北极熊和灰熊狭路相逢，会有什么大戏上演？如果它们注定要有一场血战，你觉得谁会胜出？

北极熊的拉丁学名：*Ursus maritimus*

让我们来认识一下北极熊。北极熊属于海洋哺乳动物。它们多数时间活动于冰冻的海洋上，喜欢居住在浮冰的边缘。北极熊是熊类中体形最大的一种。

趣事百科

南极洲没有北极熊。

你知道吗？

北极熊：在北极。
企鹅：主要在南半球。
北极没有企鹅。

灰熊的拉丁学名：*Ursus arctos horribilis*

让我们来认识一下灰熊。灰熊是陆地哺乳动物。你可以通过灰熊肩上隆起的部位来辨别灰熊，那是它们用来挖洞的肌肉。

你知道吗？

南半球没有灰熊。

对不起，黑熊。因为你不像北极熊和灰熊那样体形巨大又生性凶猛，所以你没有被收录于此书中。

趣事百科

在一次狩猎中，美国总统西奥多·罗斯福（小名叫泰迪）拒绝向一只老熊开枪。媒体嘲讽了他的这一举动，从那时起，可爱的、胖乎乎的玩具熊就被称为“泰迪熊”了。

趣事百科

公熊的英文名称与“公猪”（boar）一样，而母熊的英文名称与“母猪”（sow）一样。

你还是算了吧，大熊猫。你只是一种吃竹子的“萌”物，无法与北极熊或者灰熊相匹敌。

北极熊的皮毛是雪白的。它的颜色能让它与周围环境——雪、半融的雪和冰——融为一体。

白色毛发

北极熊的别称

冰熊、纳努克、白熊、海熊。

你知道吗？

北极熊的白色毛发是半透明的。

灰熊有四种不同的颜色：深棕色、棕色、红棕色和金色。

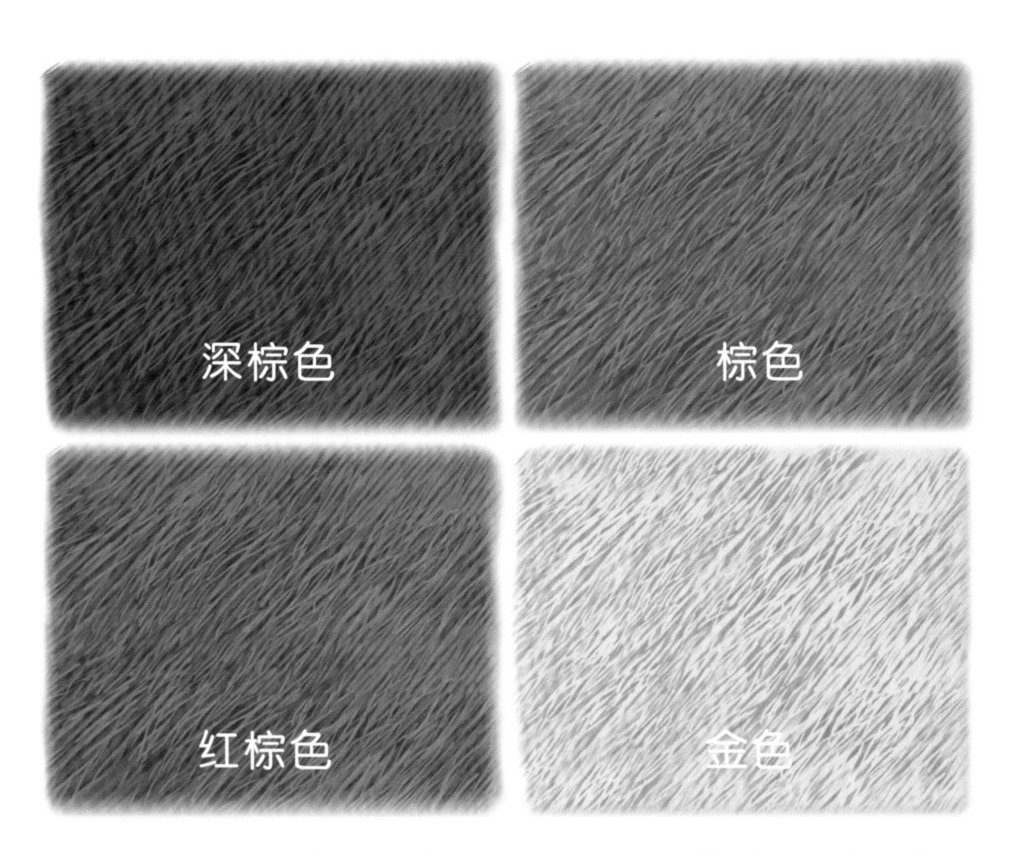

这些颜色能让灰熊与它周围的环境——落叶、泥土、岩石和树林——完美地融为一体。

北极熊是陆地上体形最大的捕食者，其身高可达 3 米。瞧，北极熊的旁边站着的是一个学龄前儿童。

灰熊站立起来有 2.4 米高。它们可比你高多了。

北极熊的脚掌比这本书还要大。

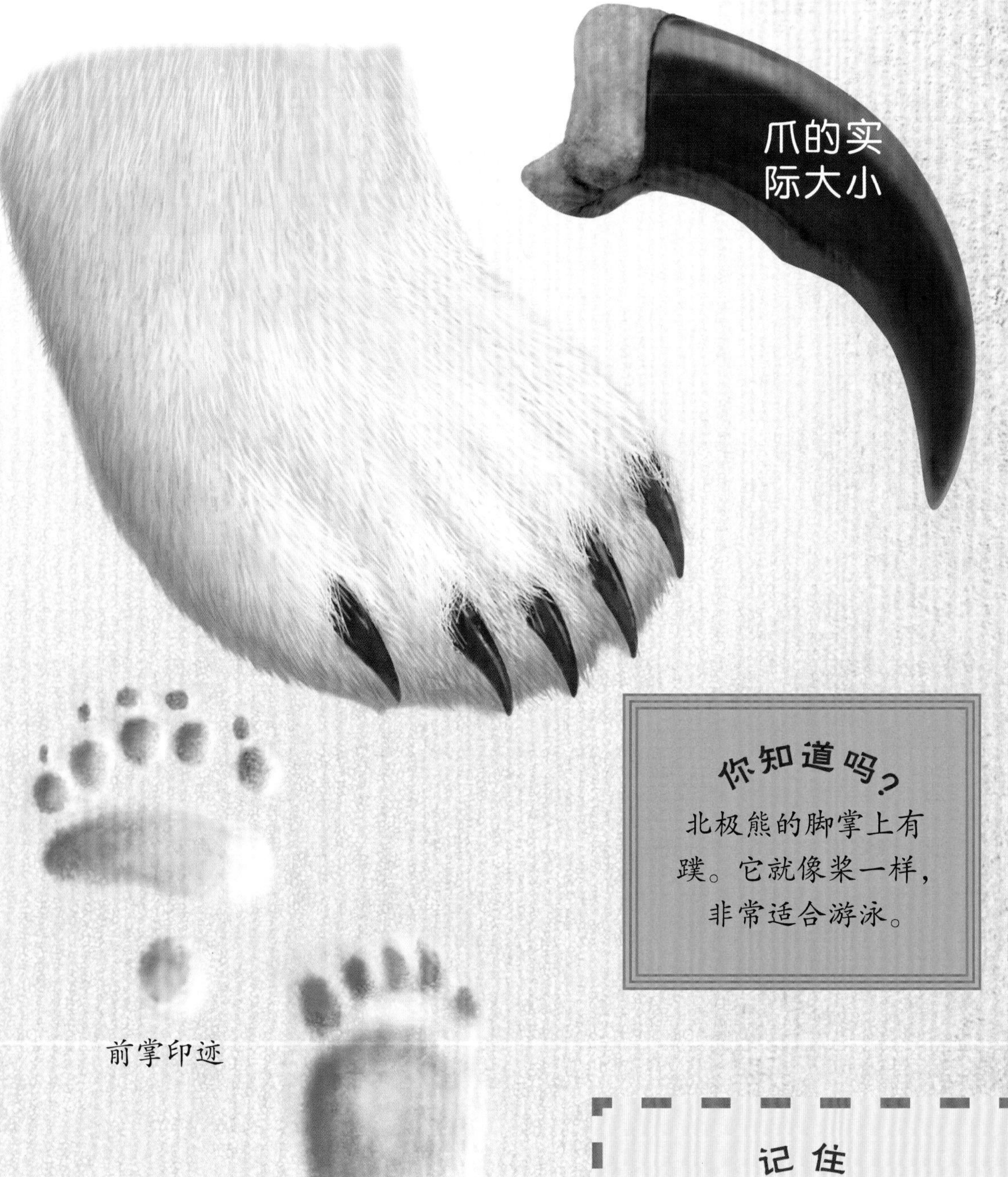

前掌印迹

后掌印迹

你知道吗？

北极熊的脚掌上有蹼。它就像桨一样，非常适合游泳。

记住

如果你看见了北极熊的脚印，可千万要当心！因纽特人说过，“你永远不会看到那只抓住你的北极熊。”

这是一只灰熊留下的踪迹——它的脚印。

前掌印迹

后掌印迹

趣事百科

人类的手指和脚趾上长有指甲。熊生有爪（zhǎo），每一只脚掌上生有五个长长的锋利的爪。

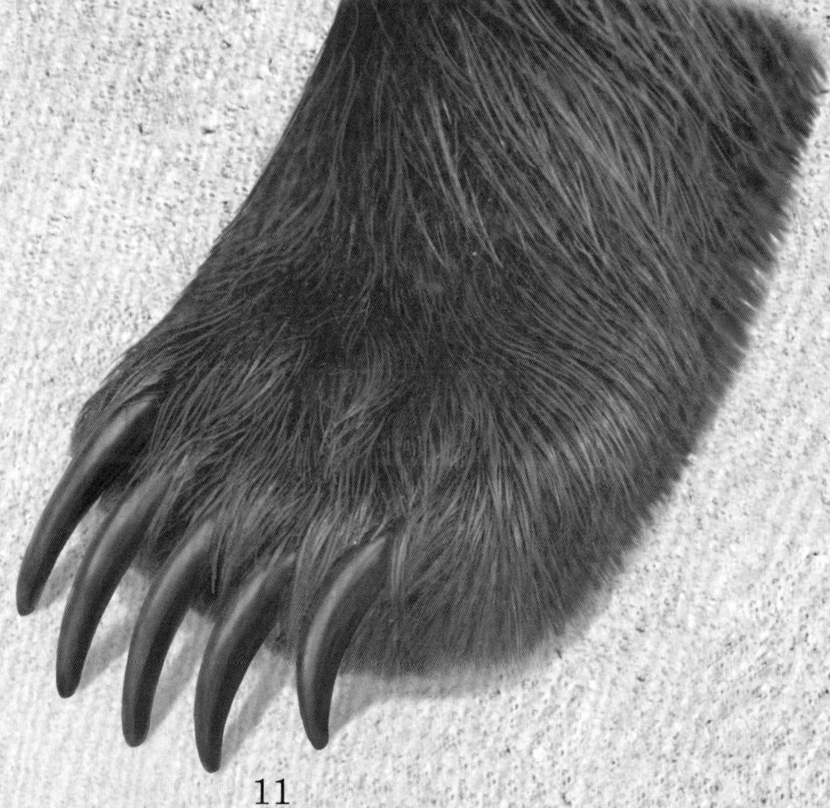

北极熊是游泳高手，它们一口气能游 80 多千米。

北极熊大部分时候在海洋里捕捉猎物——海象、海豹、海狮和鱼类。海豹是它最喜欢的食物。

趣事百科

北极熊会“狗刨式”游泳。

你知道吗？

北极熊是会吃人的，虽然这种情况极少发生。毕竟，没多少人会住在北极熊活动区域附近。

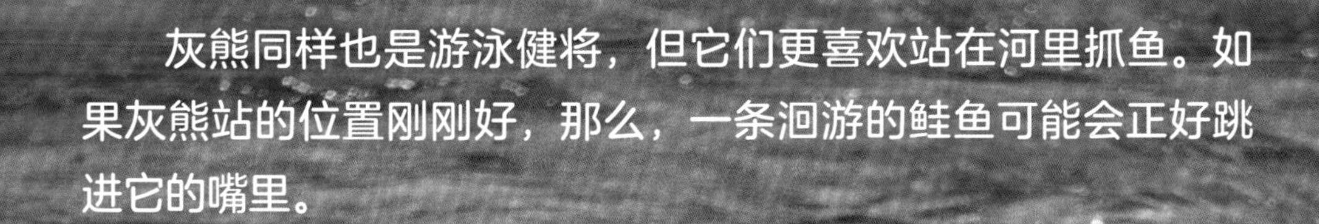

灰熊同样也是游泳健将，但它们更喜欢站在河里抓鱼。如果灰熊站的位置刚刚好，那么，一条洄游的鲑鱼可能会正好跳进它的嘴里。

趣事百科

灰熊会吃鲑鱼、鳟鱼、苹果、浆果、蜂蜜，以及任何可以用爪子抓到的食物。它也会以驼鹿、麋鹿、驯鹿、啮齿动物、山羊、昆虫幼虫和蛤蜊为食。

惨痛事实

每年都会发生灰熊吃人事件。

张大嘴！北极熊长有食肉动物的牙齿——前排的犬齿和后排的臼齿。

重要信息

北极熊可以透过1米厚的冰层闻到海豹的气味。

灰熊的牙齿与北极熊极为相似。

灰熊的嗅觉非常灵敏，能够闻到 16 千米外动物尸体散发出来的气味。

北极熊的时速可达 40 千米，这可比人类的速度快多了。北极熊还能追得上一些驯鹿呢！

那么，如果它们俩打起来，谁会赢呢？是北极熊，还是灰熊？

灰熊看上去很笨重，但是你可别被它的外表给骗了，灰熊可以轻松追上跑动的人，它的速度快得很！

灰熊在陆地上速度更快，而北极熊在冰上速度更快。

这是一副北极熊的骨架。

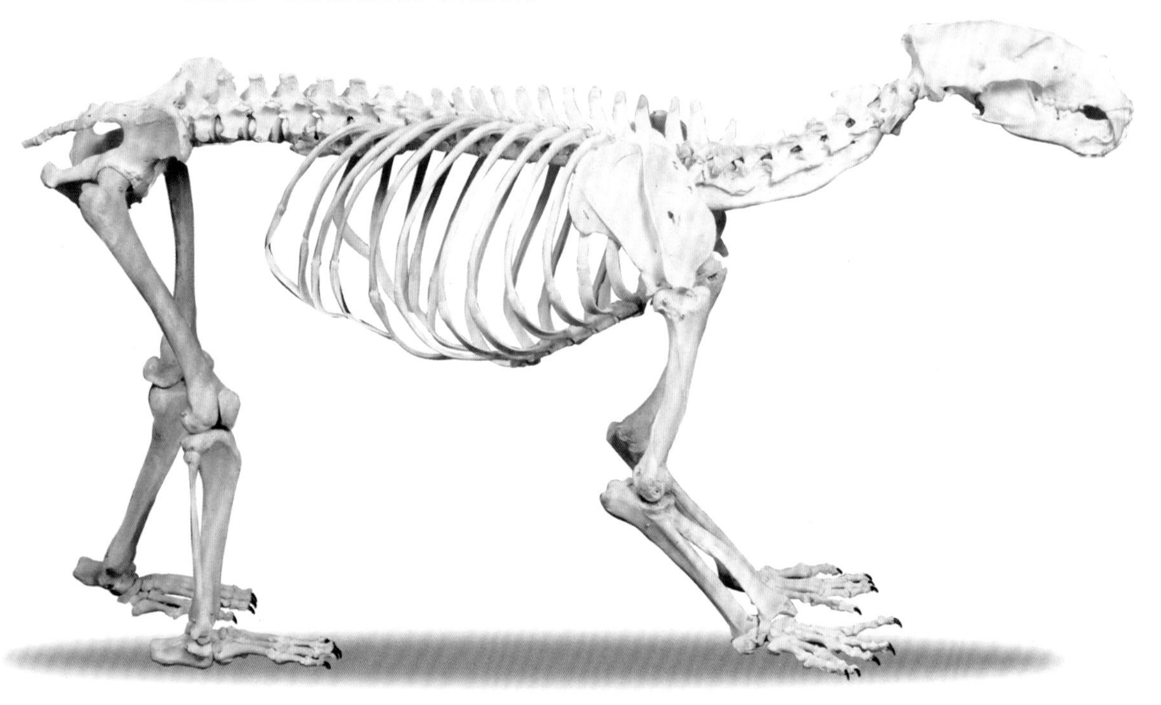

趣事

所有北极熊都是左撇子。

趣事百科

亚洲的马来熊只能长到大约 1.5 米高，相当于人类的平均身高。

熊类的骨架与人类骨架颇有几分相似。二者都有四肢、五根手指、五根脚趾、脊椎、肋骨、头骨、颈骨和臀骨。

这是一副完整的灰熊骨架。

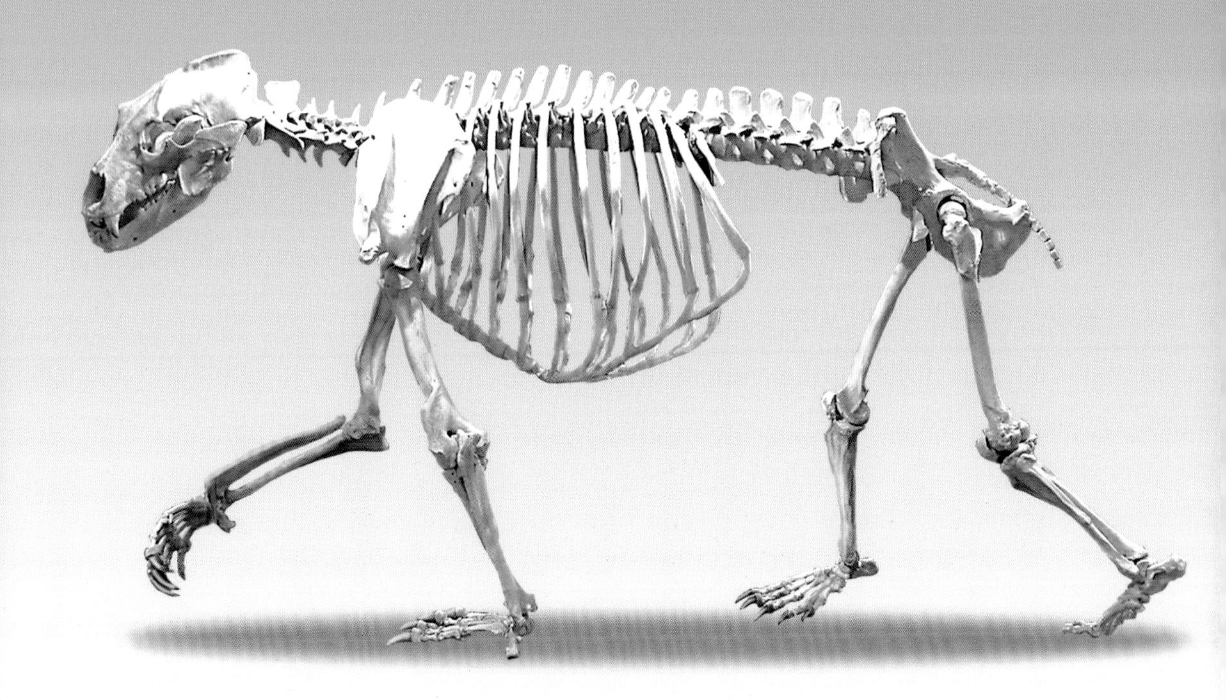

悲伤的事实

墨西哥灰熊因遭到人类滥捕而不幸灭绝。

趣事百科

科学家们在研究了熊类的DNA（脱氧核糖核酸）后认为，北极熊和灰熊属于同一种动物的后裔。它们选择了适合自身的环境。北极熊更喜欢海洋，而灰熊则偏爱居住于陆地。只有专业的骨骼学家和骨科学家才能将二者的骨头分辨清楚。

北极熊是一种喜欢独居的动物。它们很少互相打斗。多数时间里，北极熊都互相远离，独自生活。

灰熊也同样喜欢独来独往。但是在鲑鱼洄游时节，灰熊会成群结队在河里捕鱼。

雄性北极熊不会冬眠。整个冬天，它们都在寻找食物。当暴风雪降临时，它们会挖一个洞穴，藏进去睡觉，来躲避恶劣天气。

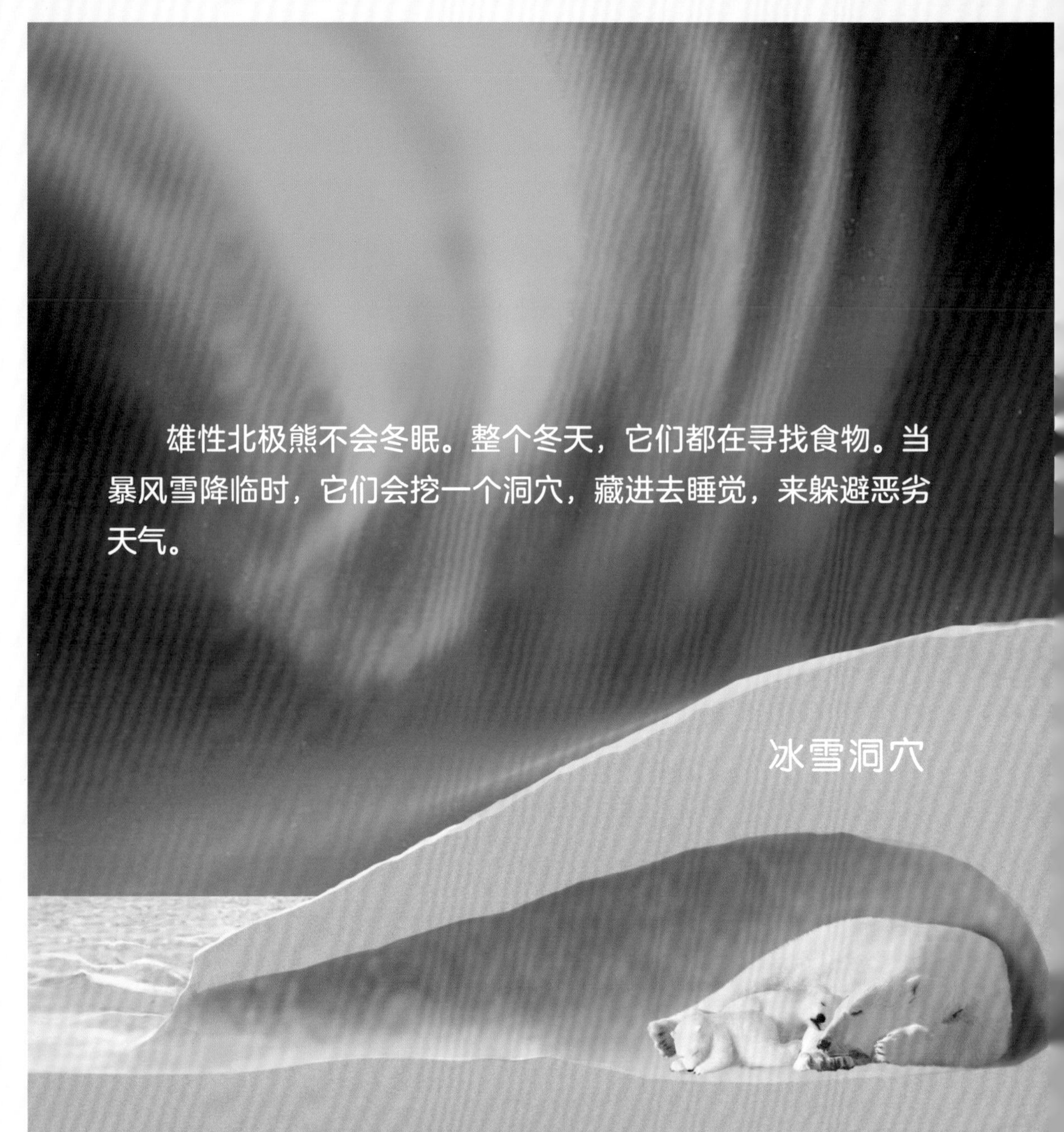

雌性北极熊则会在冰雪中建一个“育婴房”，在里面过冬和照顾宝宝。这样会大大节省母亲的体力。

你知道吗？

冬眠意味着动物进入了停止活动的状态，心跳减速，不吃不喝，体温也比平时要低。

在冬天来临前，灰熊会尽可能地多吃食物来增肥，以保证长时间的睡眠。灰熊会在冬天进入深层睡眠状态，但这并不是真正的冬眠。灰熊随时可能会醒过来对你发动突然攻击。到了春天，灰熊饥饿难耐，千万注意安全！

关于北极熊的趣事

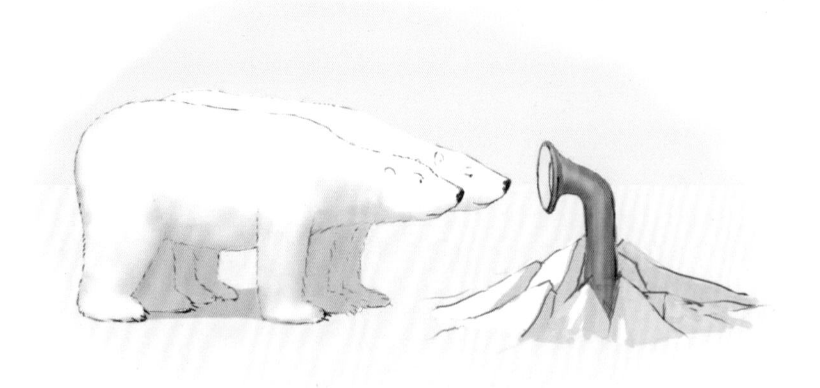

一艘美国海军核潜艇浮出北极冰层，发现几只北极熊在周围窥探。

有时候，北极熊会在一些稀奇古怪的位置小憩。

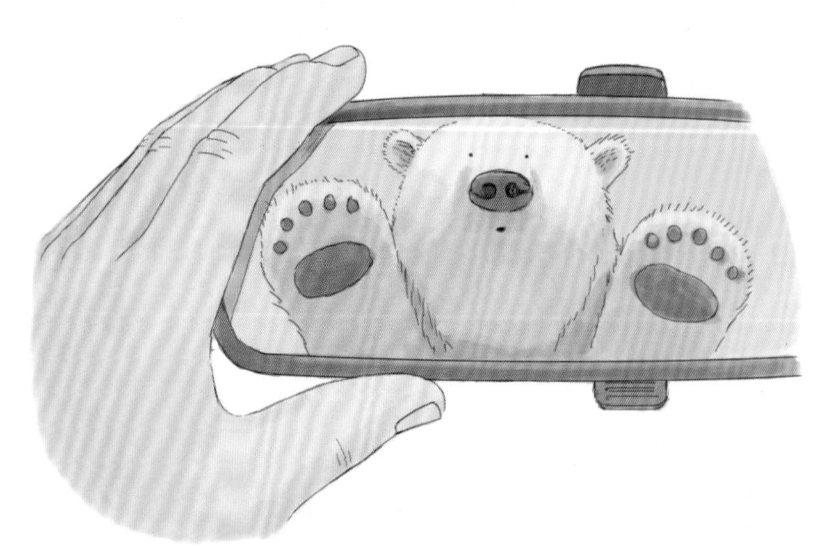

一位著名的自然摄影师为了拍好一张北极熊的照片，苦苦等待了好几天。一天，当他正在皮卡车里吃午饭时，在后视镜里发现了一个巨大的惊喜。

关于灰熊的趣事

一个阿拉斯加人回到家中，发现一只灰熊正躺在他的按摩浴缸里休息。

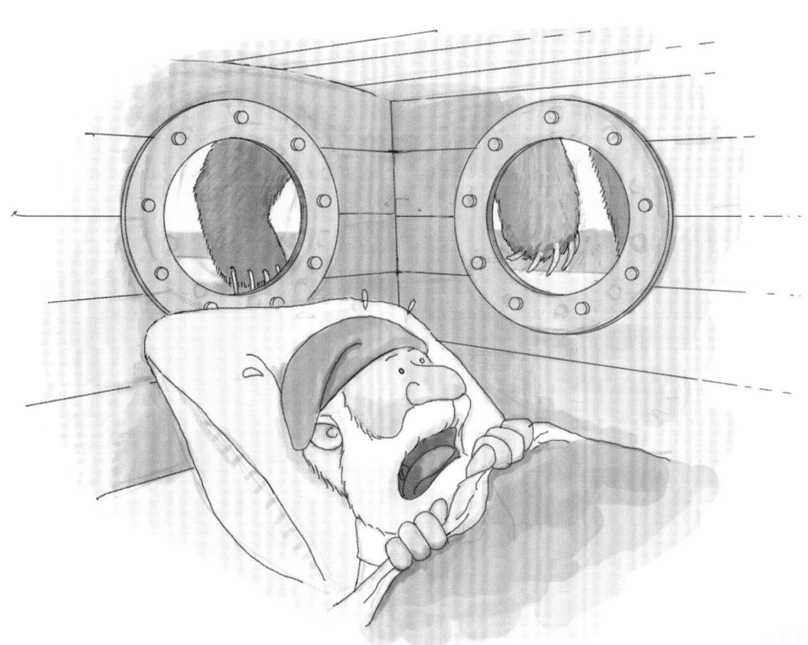

一艘游艇停靠在阿拉斯加海港，船上的水手被一阵噪声吵醒，发现是一只灰熊在船上游荡。他吓得魂飞魄散，用船桨将灰熊赶下了游艇。

一个游客用芝士汉堡把一只灰熊引诱进了车里。这个愚蠢的男人想让灰熊坐在他妻子的旁边，拍出一张绝妙的照片。妻子惊声尖叫起来，茫然的灰熊就跑开了。

夏季来临了。

一只北极熊走下冰层来到海滩上，一只灰熊走出了丛林。

它们都瞧见了彼此，也都嗅到了彼此的气味。它们站起身细细打量着对方，大战一触即发。灰熊冲向了北极熊，咆哮着露出自己的牙齿。

北极熊弓起背，亮出爪子，准备战斗。灰熊则全速奔跑，撞向北极熊。

北极熊立刻起身迎战。啪！它冲着灰熊的脸就是一掌。啊！它们互相出击，撕咬在一起。真是一场激烈的战斗。

北极熊和灰熊扭打在一起，它们都想占据上风。

它们在地上翻滚，身上沾满了泥沙。

灰熊不甘示弱，完全没有停下来的意思。

突然，北极熊不想再打了。没有什么必要非得拼个你死我活。于是，它跑开了。

灰熊赢得了胜利。但是此刻它已经筋疲力尽。灰熊希望自己再也不要遇见北极熊了。这两只熊是如此相似——下次碰面的话也许情况会大不相同！

实力大比拼

参数对比

这不过是其中一种可能的战斗结果。亲爱的小读者，如果是你，你会如何书写结局呢？

WHO WOULD WIN

猜猜谁会赢

短吻鳄对战蟒蛇

[美] 杰瑞·帕洛塔 / 著　[美] 罗布·博斯特 / 绘　纪园园 / 译

中信出版集团 · 北京

图书在版编目（CIP）数据

短吻鳄对战蟒蛇 /（美）杰瑞·帕洛塔著；（美）罗布·博斯特绘；纪园园译. -- 北京：中信出版社，2018.1（2024.12 重印）
（猜猜谁会赢）
书名原文：Who Would Win? Alligator vs. Python
ISBN 978-7-5086-7906-8

Ⅰ. ①短… Ⅱ. ①杰… ②罗… ③纪… Ⅲ. ①鳄鱼－少儿读物 ②蟒科－少儿读物 Ⅳ. ① Q959.6-49

中国版本图书馆 CIP 数据核字（2017）第 173648 号

短吻鳄对战蟒蛇
（猜猜谁会赢）

著　　者：[美] 杰瑞·帕洛塔
绘　　者：[美] 罗布·博斯特
译　　者：纪园园
出版发行：中信出版集团股份有限公司
（北京市朝阳区东三环北路 27 号嘉铭中心　邮编　100020）
承 印 者：北京尚唐印刷包装有限公司

开　　本：787mm × 1092mm　1/16　　印　　张：26　　字　　数：228.8 千字
版　　次：2018 年 1 月第 1 版　　印　　次：2024 年 12 月第 20 次印刷
京权图字：01-2017-6372　　本书插图系原文插图
审 图 号：GS 京（2024）1161 号
书　　号：ISBN 978-7-5086-7906-8
定　　价：169.00 元（全 13 册）

图书策划：红披风
策划编辑：谢媛媛　　责任编辑：谢媛媛　黄盼盼　　营销编辑：单云龙　谢　沐
装帧设计：谭　潇　颂煜图文　　责任印制：刘新蓉

如果短吻鳄和蟒蛇狭路相逢，大打出手，会有什么好戏上演？哇——它们可都是凶猛的爬行动物！哪一个更胜一筹呢？你觉得谁会赢？

认识短吻鳄

这是一条美洲短吻鳄。它的体重可达 450 千克。它的拉丁学名是：*Alligator mississippiensis*（密西西比短吻鳄）。这种动物生活在美国得克萨斯州至北卡罗来纳州这片区域。

小知识
短吻鳄属于爬行动物。

释义
爬行动物属于冷血动物，身上有干燥的鳞片。蛇、短吻鳄、蜥蜴和乌龟都属于爬行动物。

大百科
美洲短吻鳄是北美地区体形最大的爬行动物。

认识蟒蛇

这是一条缅甸蟒。它的拉丁学名是：*Python bivittatus*。缅甸蟒可以长到 6 米长。人们曾目睹它吞下一只鹿、一只猫和一头猪。天啊！

小知识

蟒是蛇的一类。
蛇属于爬行动物。

趣事百科

蟒蛇没有毒性，它们没有毒液。

古老事实

恐龙也属于爬行动物。

鳄形目动物

在鳄形目动物中，有四类爬行动物。

鼻子形状
俯视图

鳄科

鳄科动物的脑袋呈 V 形。当它们合上嘴时，你能看到长长的下牙。

鼻子形状
俯视图

短吻鳄科

注意它们宽宽的脑袋。当它们将宽阔的嘴巴合上时，你无法看见下牙。

鼻子形状
俯视图

长吻鳄科

长吻鳄的口鼻部尖长狭窄。非常利于抓鱼！

鼻子形状
俯视图

凯门鳄科

凯门鳄是鳄目中体形最小的一类。侏儒凯门鳄是最小型的鳄鱼。

这四类鳄鱼都有极多的牙齿。

我们将选择一条美洲短吻鳄与缅甸蟒进行对决。

巨型蛇类

缅甸蟒是世界上五种最大的蛇之一。下面是其他四种：

网纹蟒

它是世界上最长的蛇。天啊！

实际长度

网纹蟒可达 9 米长！

森蚺

它是世界上最重的蛇。哇！

实际重量

森蚺的重量可达 270 千克！

非洲岩蟒

它是非洲最大的蛇。我的天啊！

你知道吗？

它的长度可达 6 米，重达 90 千克！

紫晶蟒

又一种巨蟒！真酷！

实际颜色

蛇的颜色多种多样。

蛇的数量

目前，世界上已知有 3000 余种蛇。蛇没有胳膊和腿，它们也没有可以眨动的眼皮。

老实点儿！

美洲短吻鳄生活在北卡罗来纳州、加利福尼亚州南部、佐治亚州、佛罗里达州、亚拉巴马州、密西西比州、路易斯安那州和得克萨斯州。这些州大多位于温暖的墨西哥湾地区。

温度百科

短吻鳄会在阿拉斯加州冻死。

短吻鳄喜欢水。它们生活在池塘、湖泊、河流、河口、湿地、沼泽和海湾处。它们能够在微咸水和淡咸水中生活，但它们更喜欢淡水。

我们知道你住在哪里！

缅甸蟒生活在东南亚地区。它的名字就来自于缅甸这个国家的名称。

不好！一些粗心大意的人把他们的宠物缅甸蟒放进了佛罗里达大沼泽地。现在，这片区域已经被本不属于这里的蟒蛇占据。它们是入侵物种。

大沼泽地

这是位于佛罗里达州南部的一片巨大的布满水域和长有高草的湿地。

释义

入侵物种是指生活在非原自然栖息地的植物或动物。外来入侵物种通常会破坏和干扰当地的自然平衡。

抱歉！

抱歉，咸水鳄，你是最大、最重、最可怕，也是最卑鄙的鳄鱼。但是你对本书来说实在是太大了。咸水鳄生活于澳大利亚。我们会把你收录于另一本“猜猜谁会赢”系列中。给这本书起名叫“咸水鳄对战蚊子”怎么样？

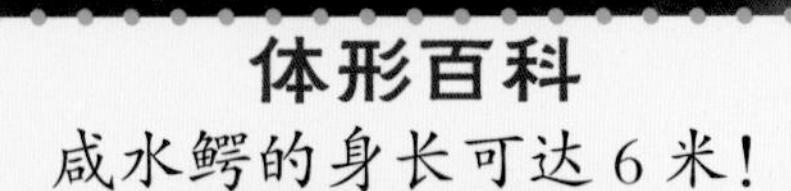

体形百科

咸水鳄的身长可达 6 米！

这是一条白化短吻鳄。

释义

白化现象是指皮肤缺乏颜色。

你也出局啦！

卡拉细盲蛇是世界上最小的蛇。它也不会出现在本书中。抱歉，它实在是太小了，无法与鳄鱼进行搏斗。

（编者注：参照物为一美分硬币，直径 1.9 厘米）

有些蜥蜴，如玻璃蜥蜴，没有胳膊也没有腿。它们看上去很像蛇，但它们是没有腿的蜥蜴。

小知识

钩盲蛇体形也非常小。

一般的缅甸蟒身上的颜色与长颈鹿十分相似。白化缅甸蟒几乎通体为白色，但是仍然带有一点儿颜色——通常是淡黄或淡橘色。

牙 齿

短吻鳄的双颚巨大且强壮，里面长满了牙齿。它拥有大约80 颗牙齿，是有力的武器。

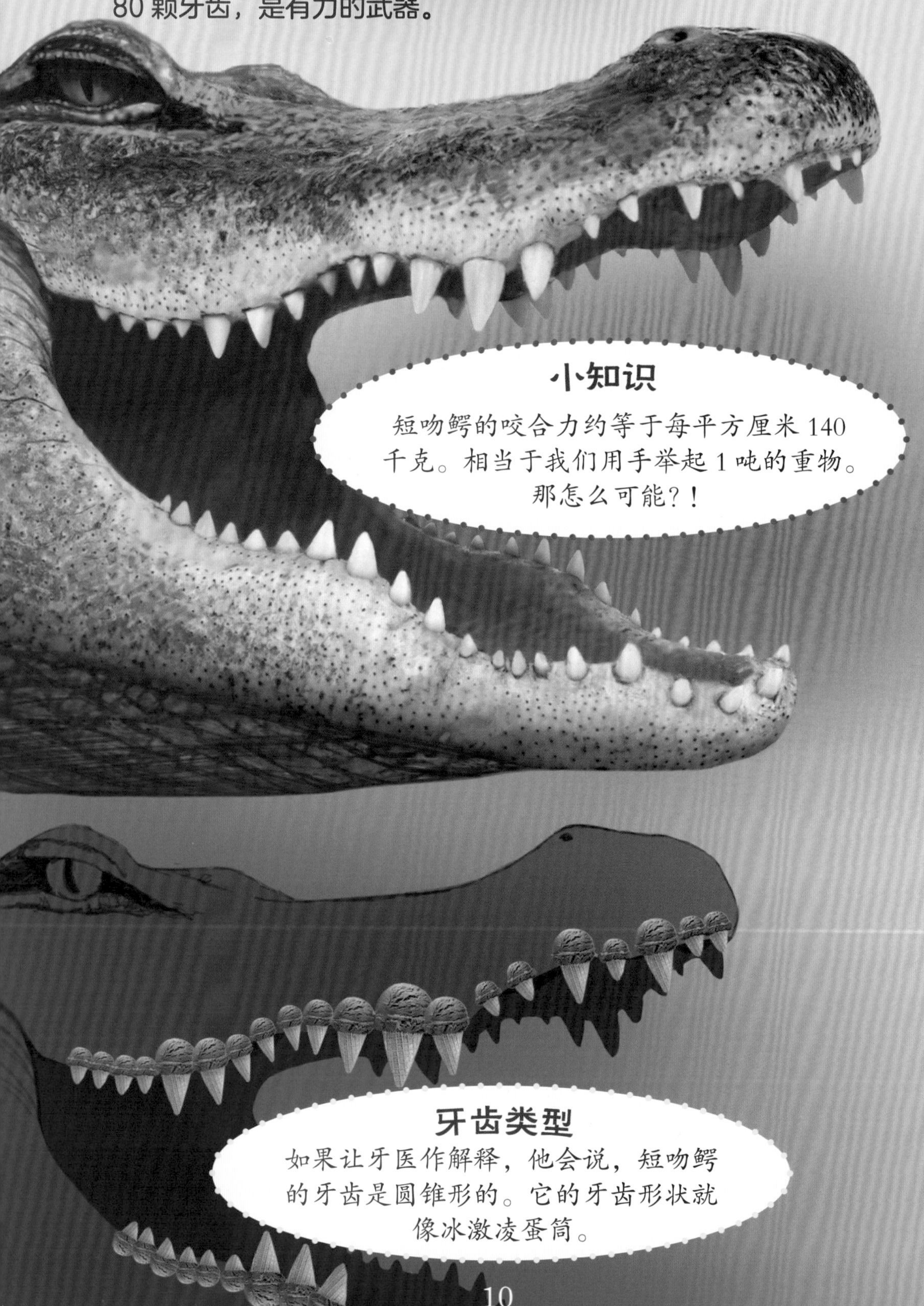

小知识

短吻鳄的咬合力约等于每平方厘米 140 千克。相当于我们用手举起 1 吨的重物。那怎么可能？！

牙齿类型

如果让牙医作解释，他会说，短吻鳄的牙齿是圆锥形的。它的牙齿形状就像冰激凌蛋筒。

獠牙和牙齿

蛇不会咀嚼食物。它们的牙齿是用来抓住猎物的。它们用强壮灵活的双颚慢慢将食物置于嘴里，然后整个囫囵吞下。

愚蠢的问题

你愿意将自己的牙齿换成一口獠牙吗？

獠牙类型

蛇的獠牙就像弧形的刀。

天啊！缅甸蟒锋利的獠牙向内弯曲。当它咬住猎物时，猎物几乎不可能从它嘴中逃脱。

翻滚：一种绝妙的战术！

当短吻鳄抓住一只动物后，会不断翻滚。短吻鳄利用这个动作缠住猎物，将它的胳膊或腿折断。短吻鳄十分强壮，它们通过不断翻滚撕裂猎物的肢体。

翻滚是一个令人惊奇的动作。短吻鳄是怎么学会这个动作的呢？我们只能去尽情猜测了。

并不有趣的事实

是的，鳄鱼也吃过人。

宵夜？

鳄鱼不会总是把抓住的猎物全部吃掉。它们会掩埋一部分，以后再慢慢吃。

缠绕与挤压：一招致命

缅甸蟒会紧紧缠绕住猎物，通过用力挤压来杀死它们。它会挤压到猎物无法呼吸为止。

哦不！

是的，缅甸蟒吃过人。

释义

蟒蛇的另一个英文名字“constrictor”的意思就是缠绕挤压猎物者。

警告

不要让任何人把一条蟒蛇放在你的脖子或肩膀处。

短吻鳄的尾巴

短吻鳄有一条又长又粗的尾巴，几乎和它剩余的肢体一样长。鳄鱼用尾巴来控制方向和游泳。

速度百科

短吻鳄只能在短距离内维持 48 千米的时速。

你知道吗？

短吻鳄会用它的尾巴对你发动突然袭击。

短吻鳄是游泳健将，它们在水中的时速可达 16 千米。

蛇有尾巴吗？

没有。它整个身体的形状就像一条尾巴。蟒蛇也是游泳健将。

小知识
缅甸蟒有大约 4000 块肌肉。

缅甸蟒在水中的速度比在陆地上快，时速可达 8 千米。

隐 藏

你能找到这只短吻鳄吗？它在这片小池塘中完美地隐藏着自己。短吻鳄耐心地等待着，只把鼻子和眼睛露在水面上。

小知识

短吻鳄不能在水下呼吸。

你知道吗？

短吻鳄在水下会闭上鼻子和耳朵。

知识拓展

通常情况下，短吻鳄在水下屏息的时间约为 15 分钟。

据说，短吻鳄可以屏住呼吸达一个小时。在冷水里，它屏息的时间可以持续更长。

问题

短吻鳄会爬树吗？

伪 装

缅甸蟒是伪装大师，它看上去就像地上的落叶。

你知道吗？

蟒蛇在水中时也会把眼睛和鼻子露出水面。

肺部百科

蟒蛇在水下可屏息至少半个小时。

小心！缅甸蟒会爬树。

谢天谢地！

短吻鳄并不会爬树。

食　物

幼年期的短吻鳄以昆虫、蜗牛、鱼、乌龟和其他爬行动物为食。等到长大后，它会吃更大型的食物。短吻鳄在幼年期，可能就会葬身于大鱼、老鹰和鹰隼的腹中。小短吻鳄们，可要当心啊！

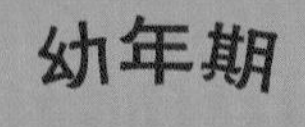

小短吻鳄以昆虫和小虾等为食。

成年期

短吻鳄成年后经常离开水域，到岸上去捕捉体形更大的哺乳动物，比如狗、牛或马。

小知识

短吻鳄非常善于捕捉鸟类。它们也会吃鸭子、鹅和白鹭。

开 吃

缅甸蟒会吃掉一切它吞得下的食物。蟒蛇会张开下颚，伸展韧带，吞下比嘴巴大得多的东西，比如小型哺乳动物、青蛙和鸟类等。

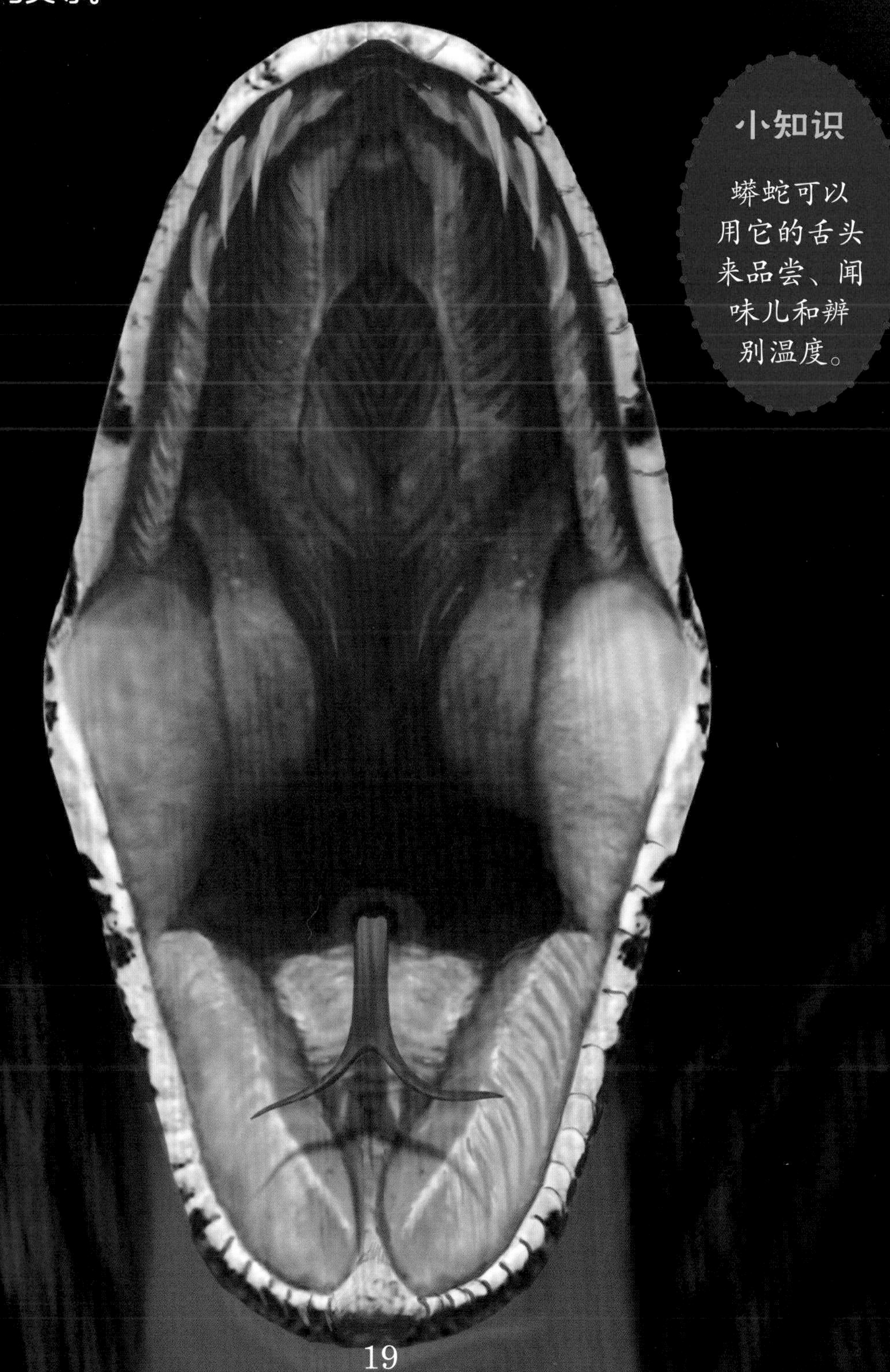

小知识

蟒蛇可以用它的舌头来品尝、闻味儿和辨别温度。

人类吃鳄鱼！

有些人会吃鳄鱼。你会在美国墨西哥湾沿岸各州餐厅的菜单上看到以下内容：

今日特色菜

烤鳄鱼排
鲜嫩炭烤鳄鱼排，少酱料，配玉米粒粥和新鲜甜菜叶。

炸鳄鱼条
炸鳄鱼条，配炸薯条。

鳄鱼烧烤
熏烤鳄鱼片配本店特色烧烤酱汁、奶油土豆泥和蔬菜或田园沙拉。

鳄鱼香肠
手工灌制鳄鱼香肠，配辣椒酱、米饭、烤红椒、甜洋葱和芥末。

人类也吃蟒蛇！

美国人通常不吃蟒蛇，但是有些人会吃其他蛇类，比如响尾蛇。某些地区的人还会吃蟒蛇，他们说蟒蛇肉十分美味。

你知道吗？

佛罗里达州有一家餐厅提供蟒蛇肉比萨。他们还提供蛙腿比萨。

疑问

有厨师做过蟒蛇冰激凌、蟒蛇蛋糕，或者蟒蛇馅的巧克力吗？我们可不知道！

鳄鱼的皮肤

在美国，许多产品是用短吻鳄的皮制成的，包括牛仔靴、皮带、鞋子、裤子和汽车座套等。

编者注：很多鳄鱼是受保护动物，捕猎鳄鱼在一些国家和地区是违法的。

皮肤百科

人们说，短吻鳄的背部皮肤摸上去就像坑坑洼洼的卡车轮胎。

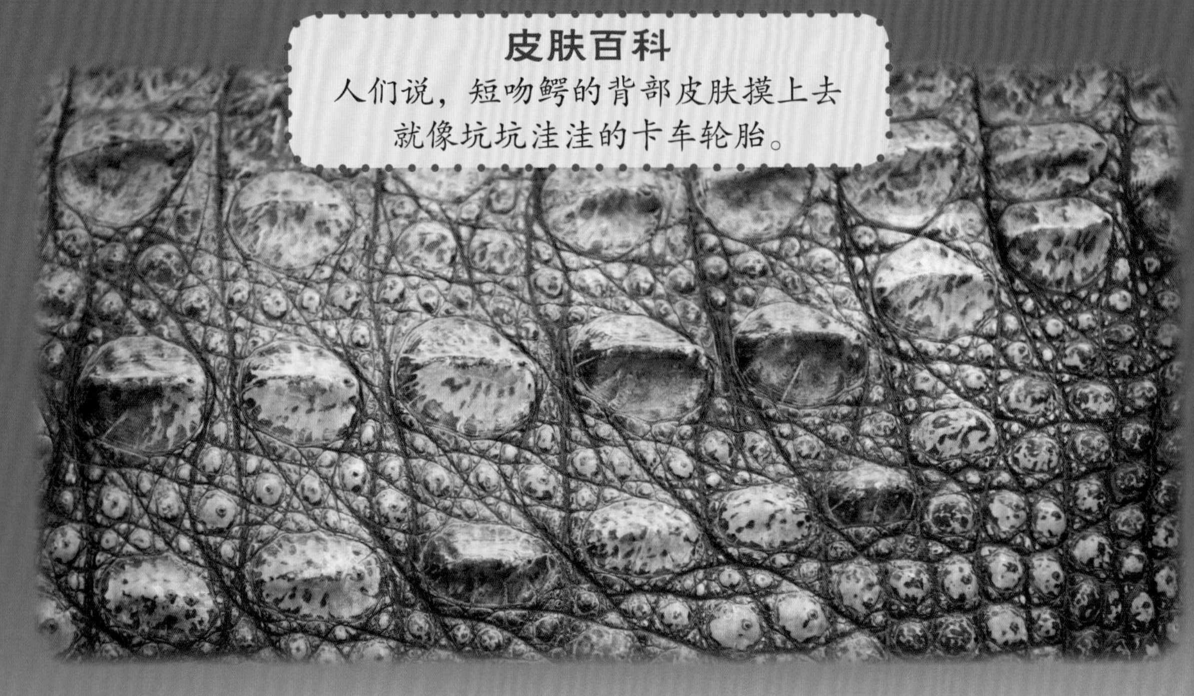

腹部百科

鳄鱼腹部的皮肤很光滑。

你知道吗？

有一种鱼叫鳄雀鳝。

缅甸蟒的皮肤

蛇拥有光滑而坚硬的皮肤。人们可以从它们皮肤的颜色和花纹辨别出蛇的种类。

小知识

蛇的表面并不黏滑，它拥有干燥的鳞状皮肤。

你知道吗？

蛇会蜕皮。当它长大时，会完整地蜕下一层外皮。

我看见你了

短吻鳄视力极佳。

爪（zhuǎ）子

短吻鳄有强壮的腿，坚硬而丑陋的爪子和长长的趾甲。它们善于挖洞来储藏剩余的食物，或是挖掘水塘。

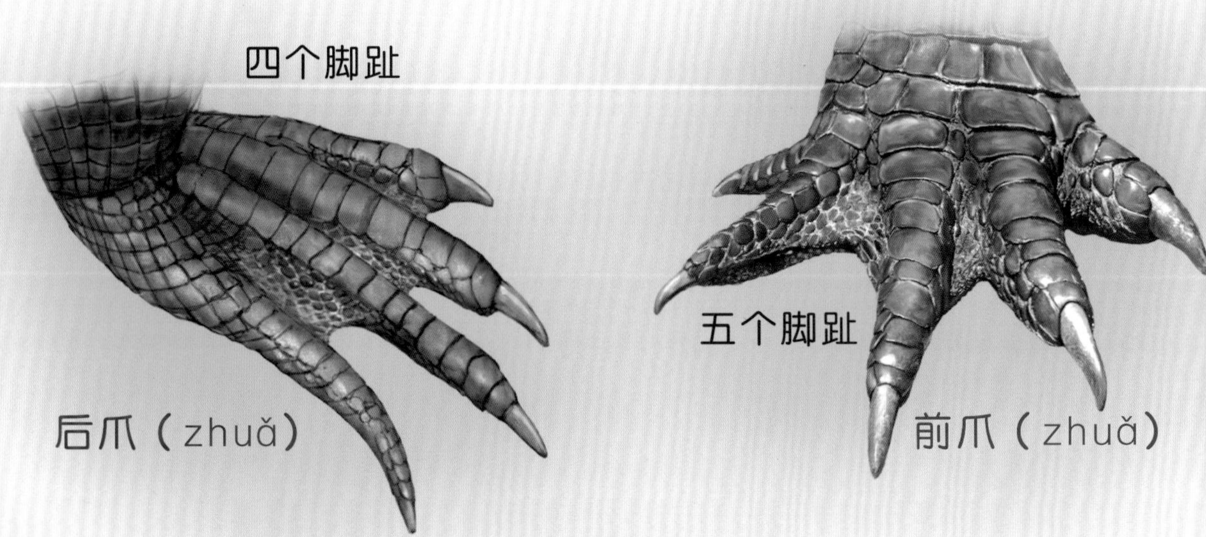

我感觉到你了

蟒蛇的大脑中可以形成一个图像视觉和一个热感视觉。

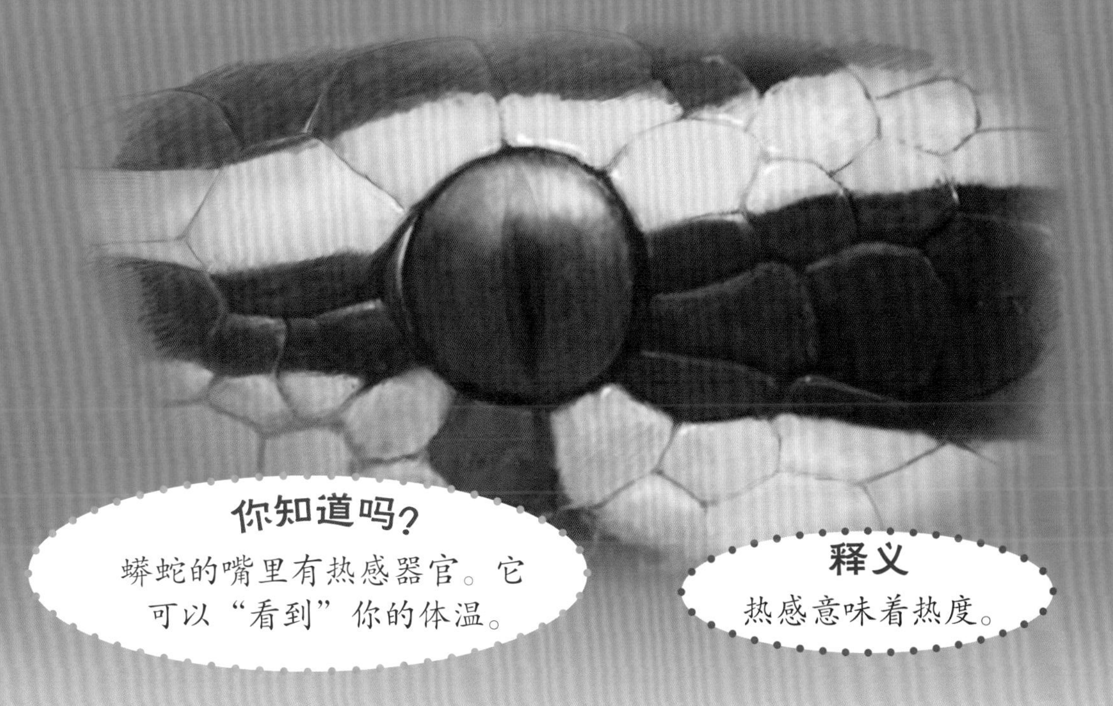

你知道吗？

蟒蛇的嘴里有热感器官。它可以“看到”你的体温。

释义

热感意味着热度。

没有脚

蛇没有脚。它靠腹部的鳞片在地面上滑行。

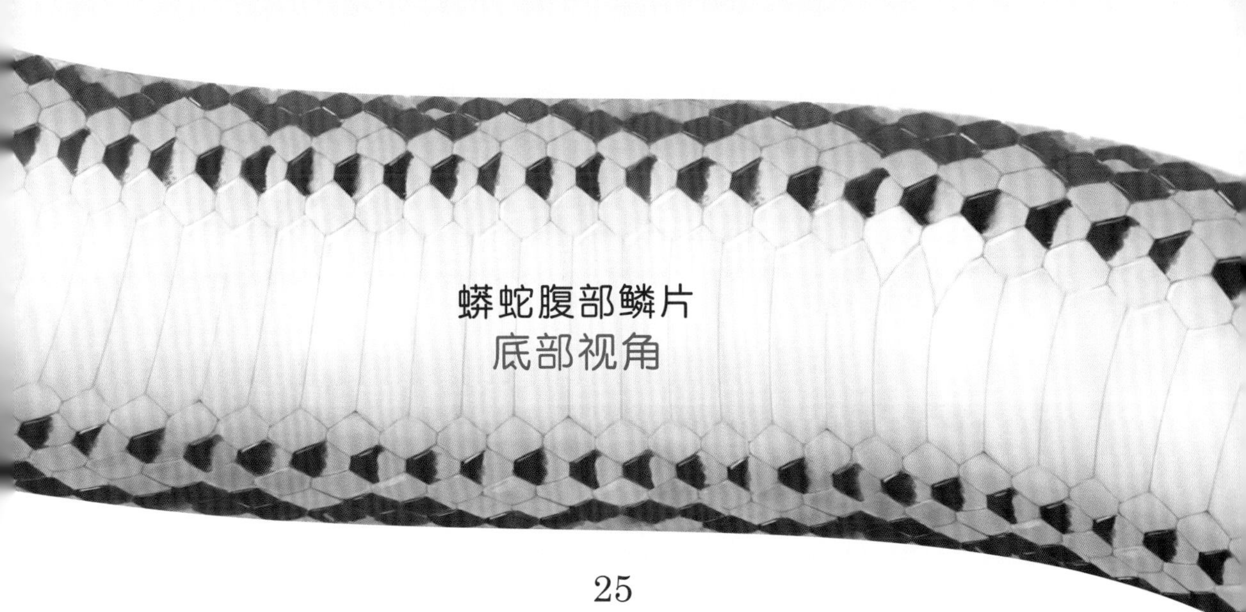

蟒蛇腹部鳞片
底部视角

一条缅甸蟒和一条短吻鳄在佛罗里达沼泽地狭路相逢。

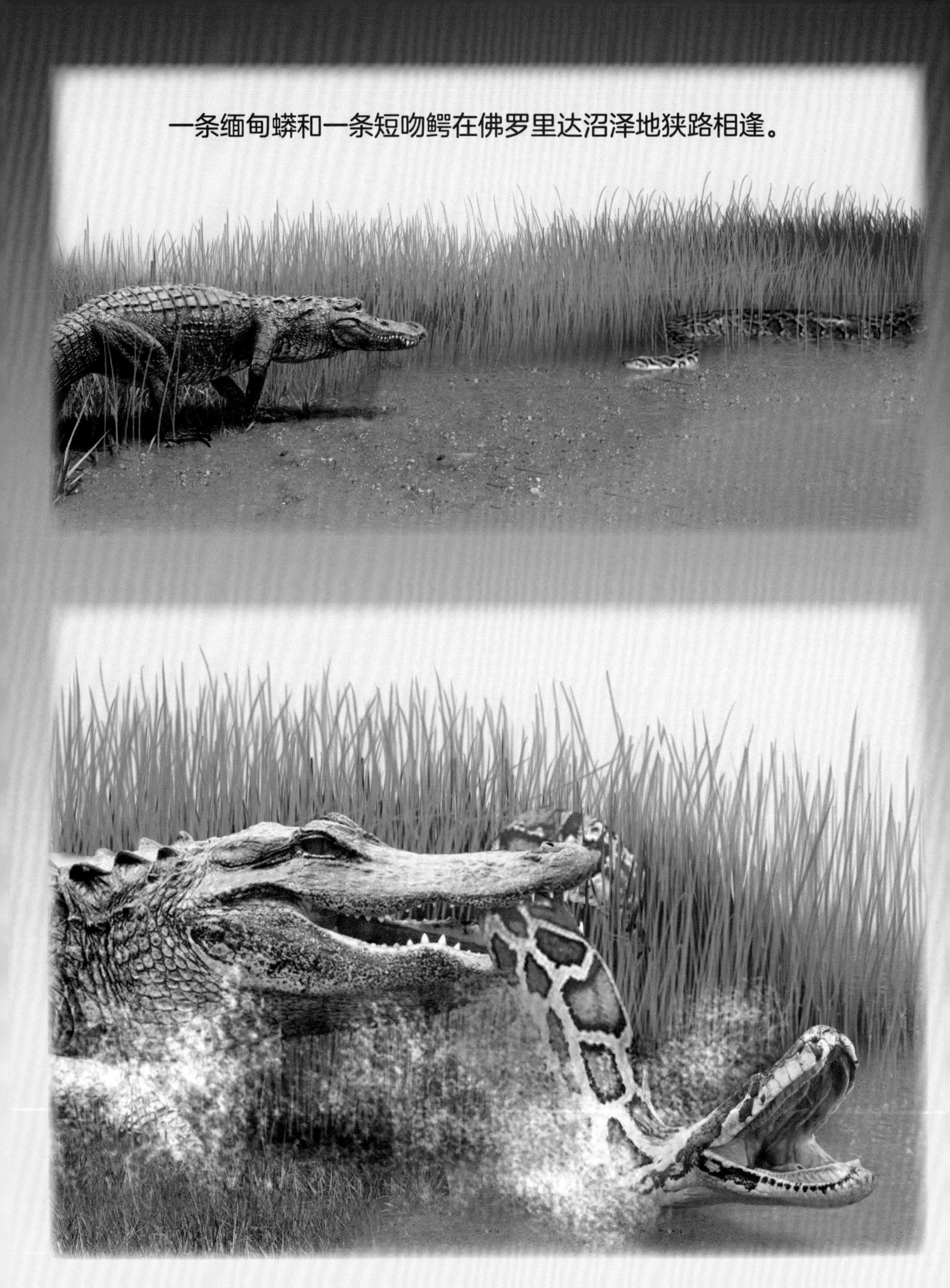

短吻鳄一口咬住了蟒蛇。但是，这条蟒蛇可不是短吻鳄平常爱吃的食物。短吻鳄感到很奇怪。而且，蟒蛇并没有四肢可供其撕扯。于是，鳄鱼放走了它。

然而，蟒蛇却紧紧缠绕住了短吻鳄。

这场战斗持续了很长时间。蟒蛇开始发力死死勒紧短吻鳄，而短吻鳄则不停翻滚，试图脱身。

短吻鳄想要咬住蟒蛇。但蟒蛇却成功躲开。在耗时良久的拉锯战后，短吻鳄筋疲力尽了。

蟒蛇缠住短吻鳄的身体，然后张开双颚，开始吞食短吻鳄。它那强有力的双颚和喉部肌肉帮助它慢慢地将短吻鳄吞入腹中。

此时，短吻鳄已经无法呼吸了。蟒蛇完全吞下了它的头部。然后，短吻鳄的整个身体也进入了蟒蛇的腹中。但是，短吻鳄的腿部实在是太坚硬太粗糙了，着实难以下咽。

最终，蟒蛇把短吻鳄的尾巴也吞进了肚里。这一幕惨不忍睹。短吻鳄壮烈牺牲。蟒蛇感到腹部一阵疼痛。它需要大约一个月的时间来慢慢消化这条短吻鳄。不管怎样，蟒蛇最终赢得了这场战斗。

实力大比拼

参数对比

短吻鳄		缅甸蟒
☐	体形	☐
☐	牙齿或獠牙	☐
☐	伪装	☐
☐	视力	☐
☐	战术	☐
☐	速度	☐
☐	皮肤	☐

这不过是其中一种可能的战斗结果。亲爱的小读者，如果是你，你会如何书写结局呢？

SCHOLASTIC

WHO WOULD WIN

猜猜谁会赢

虎 鲸 对 战 大 白 鲨

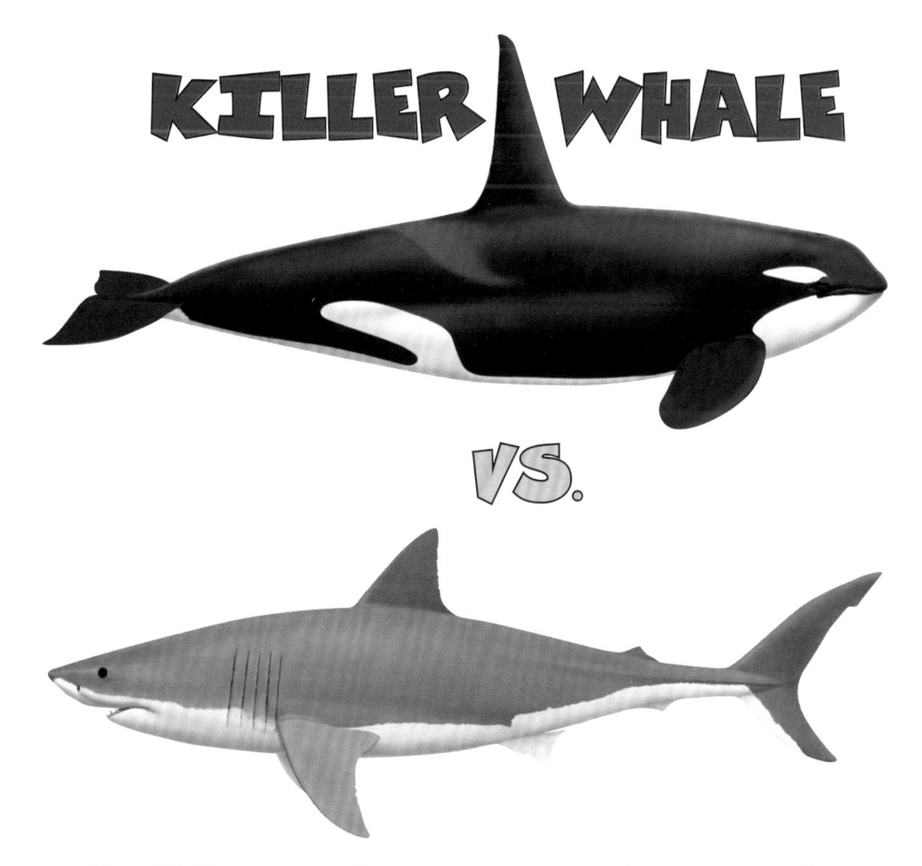

GREAT WHITE SHARK

[美] 杰瑞·帕洛塔 / 著　[美] 罗布·博斯特 / 绘　纪园园 / 译

中信出版集团 · 北京

图书在版编目（CIP）数据

虎鲸对战大白鲨 /（美）杰瑞 · 帕洛塔著；（美）罗布 · 博斯特绘；纪园园译 . -- 北京：中信出版社，2018.1（2024.12 重印）
（猜猜谁会赢）
书名原文：Who Would Win? Killer Whale vs. Great White Shark
ISBN 978-7-5086-7906-8

I. ① 虎… Ⅱ . ①杰… ②罗… ③纪… Ⅲ . ①鲸－少儿读物 ②鲨鱼－少儿读物 Ⅳ . ① Q959.841-49 ② Q959.41-49

中国版本图书馆 CIP 数据核字（2017）第 173659 号

虎鲸对战大白鲨
（猜猜谁会赢）

著　　者：[美] 杰瑞 · 帕洛塔
绘　　者：[美] 罗布 · 博斯特
译　　者：纪园园
出版发行：中信出版集团股份有限公司
（北京市朝阳区东三环北路 27 号嘉铭中心　邮编　100020）
承 印 者：北京尚唐印刷包装有限公司

开　　本：787mm × 1092mm　1/16　　印　　张：26　　字　　数：228.8 千字
版　　次：2018 年 1 月第 1 版　　印　　次：2024 年 12 月第 20 次印刷
京权图字：01-2017-6372
书　　号：ISBN 978-7-5086-7906-8
定　　价：169.00 元（全 13 册）

图书策划：红披风
策划编辑：谢媛媛　　责任编辑：谢媛媛　黄盼盼　　营销编辑：单云龙　谢　沐
装帧设计：谭　潇　颂煜图文　　责任印制：刘新蓉

如果虎鲸和大白鲨狭路相逢，会有什么好戏上演？如果双方大打出手，你觉得谁会赢得比赛呢？

虎鲸的拉丁学名：*Orcinus orca*

让我们来认识一下虎鲸。虎鲸又被称为“逆戟鲸”。它是一种海洋哺乳动物，呼吸主要通过头顶的呼吸孔进行。正如人类一样，虎鲸用肺呼吸，所以它们在水下要屏住呼吸。

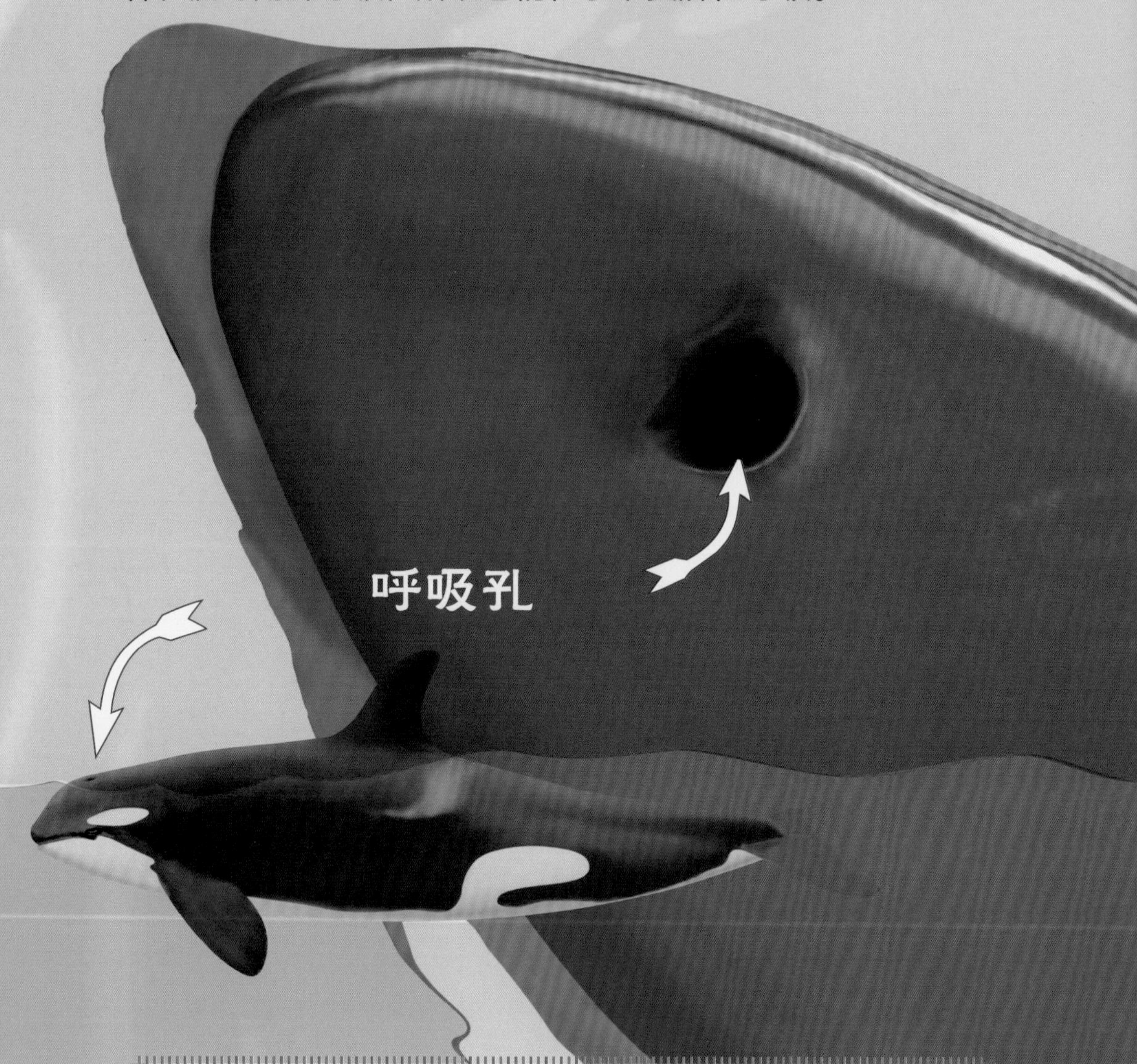

虎鲸的别称

黑鱼、逆戟鲸、海狼、杀手鲸。

大白鲨的拉丁学名：*Carcharodon carcharias*

让我们来认识一下大白鲨。大白鲨是一种离开水就无法生存的巨型鱼类。它与其他鱼类一样，并非直接呼吸空气，而是从流过鳃的海水中获得氧气。

和大多数鲨鱼一样，大白鲨有五个鳃裂。

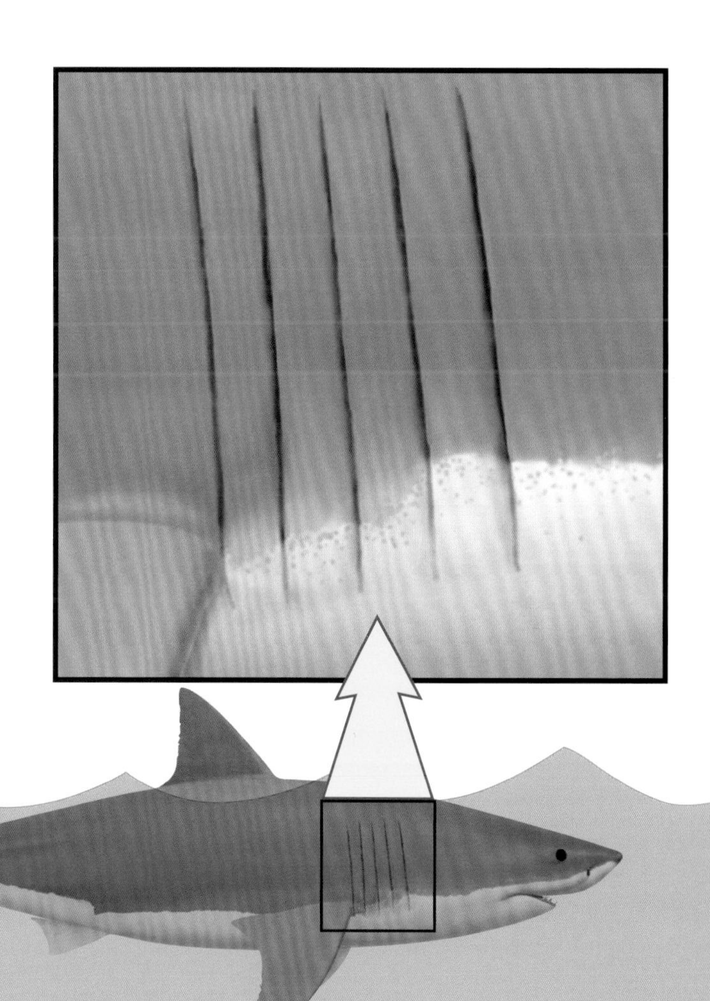

大白鲨的别称

食人鲨、白色指针、白色死神。

虎鲸有一张血盆大口，里面挤满了大约 50 颗牙齿，这些牙齿可以长到 10 厘米长。

大白鲨也有一张血盆大口和几排锋利的牙齿。这些牙齿光是看一眼就够吓人的了。

你知道吗？

大白鲨的牙齿如果掉了，会在原来的位置重新长出一颗。大白鲨一生中最多可以换3000颗牙齿。

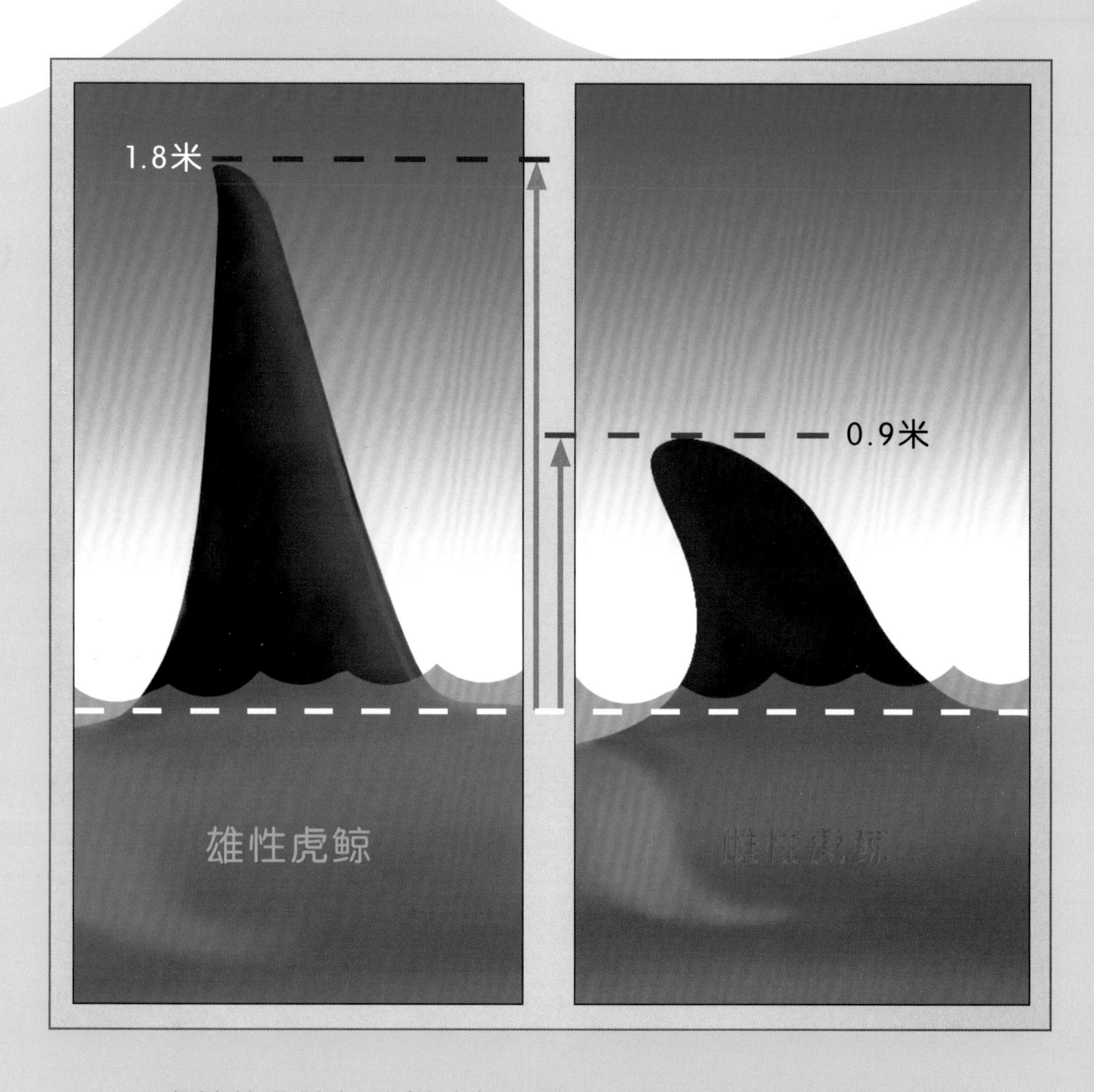

虎鲸的背鳍长这样（如上图）。雄性虎鲸的背鳍可高达 1.8 米。

虎鲸在所有大洋中都有分布。

雄性大白鲨和雌性大白鲨的背鳍外表一模一样。

大白鲨也分布在所有大洋中。

虎鲸是海洋里的食肉动物，它们最喜欢的食物是海豹和海狮，不过也会吃其他鱼类。曾有人看到一只虎鲸把一只驼鹿拖下水。

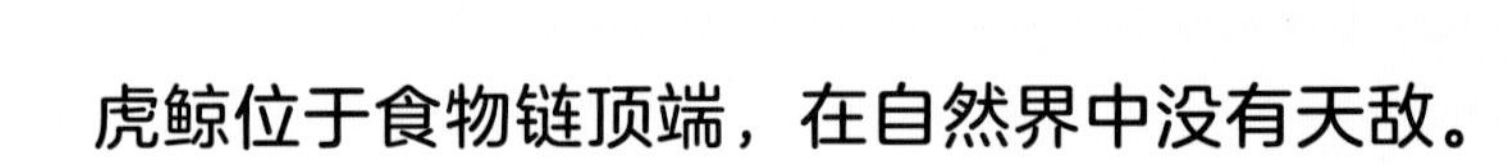

虎鲸位于食物链顶端，在自然界中没有天敌。

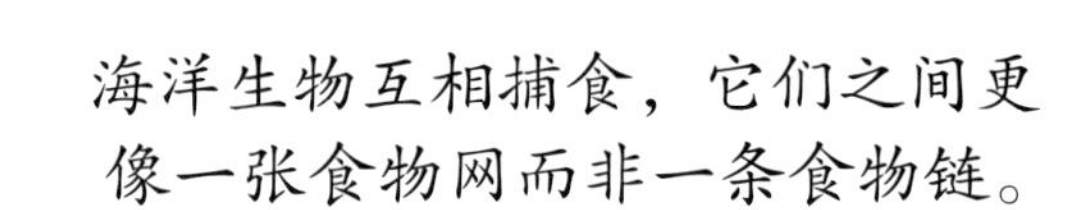

海洋生物互相捕食，它们之间更像一张食物网而非一条食物链。

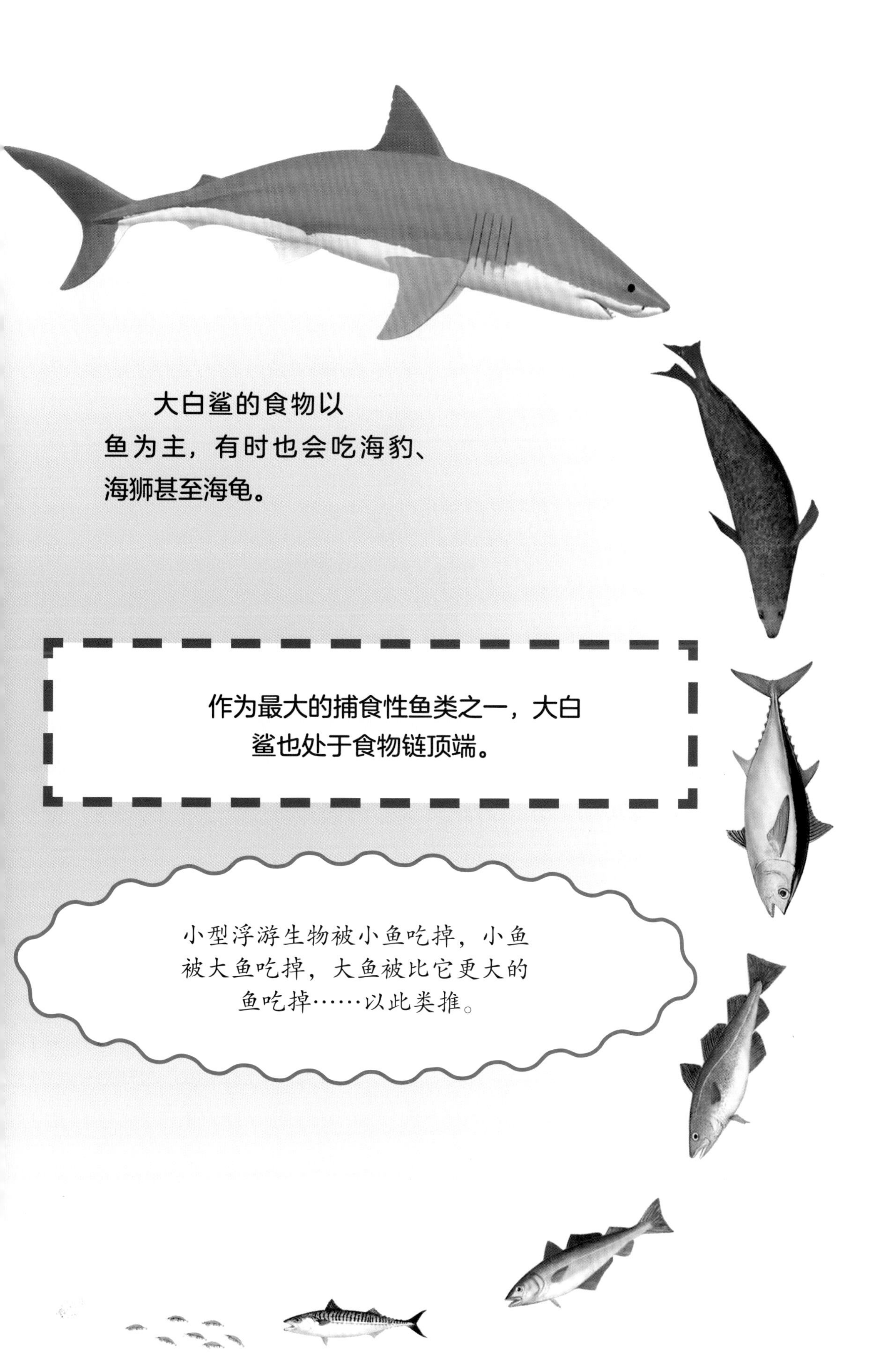
大白鲨的食物以
鱼为主，有时也会吃海豹、
海狮甚至海龟。
作为最大的捕食性鱼类之一，大白
鲨也处于食物链顶端。
小型浮游生物被小鱼吃掉，小鱼
被大鱼吃掉，大鱼被比它更大的
鱼吃掉……以此类推。

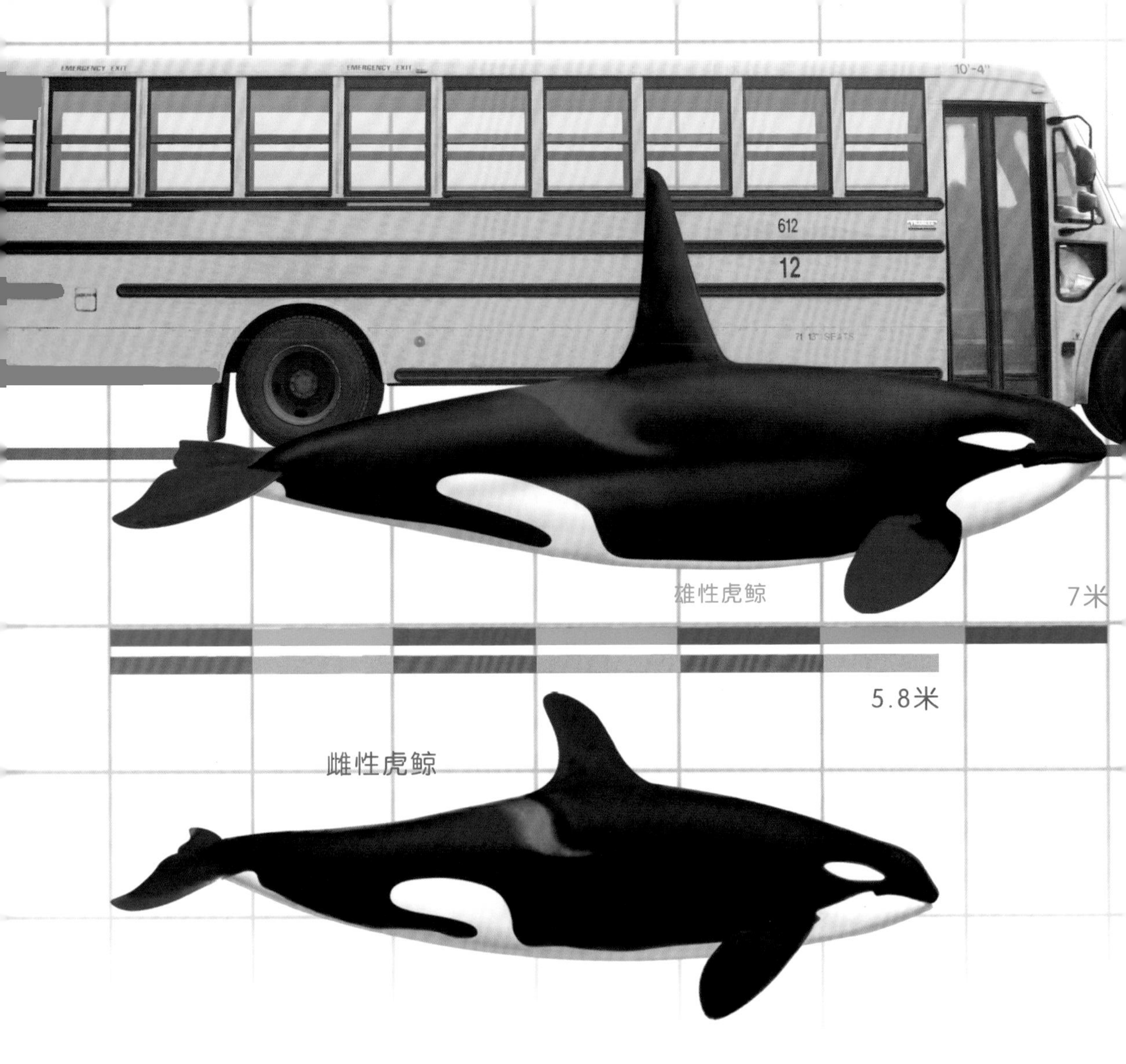

雄性虎鲸的体形比雌性虎鲸大，前者的体长比后者长大约1.2 米。

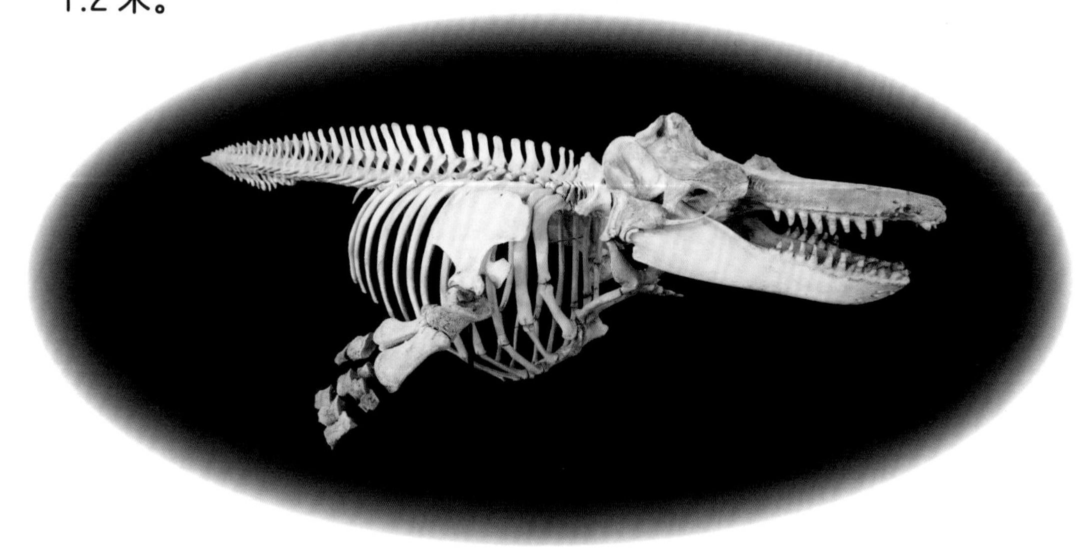

虎鲸有骨头，上图是虎鲸的骨架。

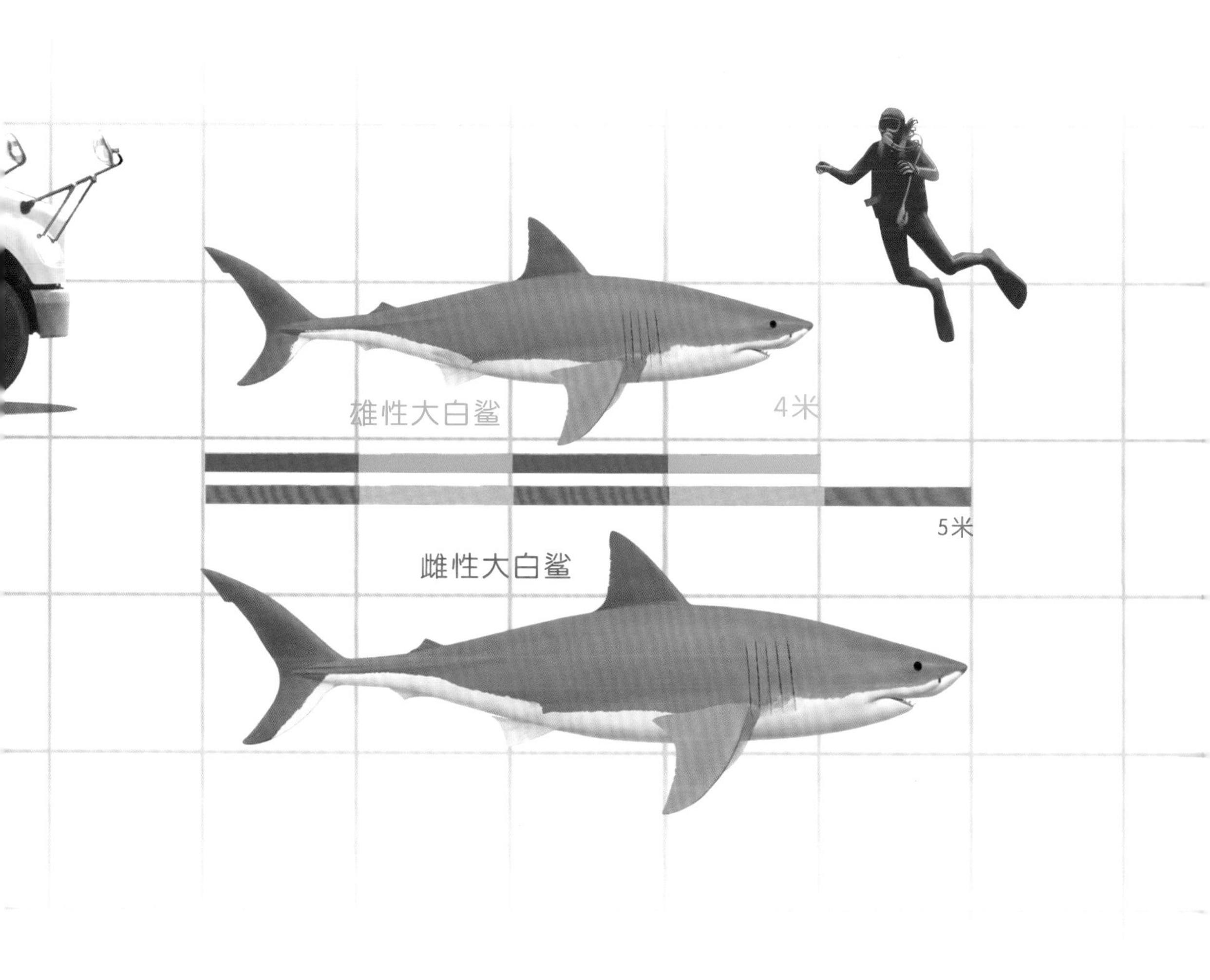

雌性大白鲨的体形比雄性大白鲨大，前者比后者更宽，身体也比后者长大约 1 米。

看，没有骨头！

大白鲨没有骨头，它的骨架由软骨构成。摸摸你自己的耳朵，它就是由软骨构成的。

虎鲸虽然体形巨大，但它们可以完全跃出水面。

如果进行一场战斗，你认为谁会赢？虎鲸还是大白鲨？

了解一下这些知识！你认为谁的优势更大？谁会获得最终胜利？

像其他海洋哺乳动物一样，虎鲸的尾巴是水平的。

你知道吗？

虎鲸能够仅仅凭借它的胸鳍在海里游动，而它巨大的尾巴则被用来控制速度和方向。水平尾鳍能够帮助它们更快地潜入水底和浮出水面。

就像其他鲨鱼一样，大白鲨的尾巴是垂直的。

你知道吗？

大白鲨和其他鱼类在海里游动时通过尾巴来控制速度和方向。

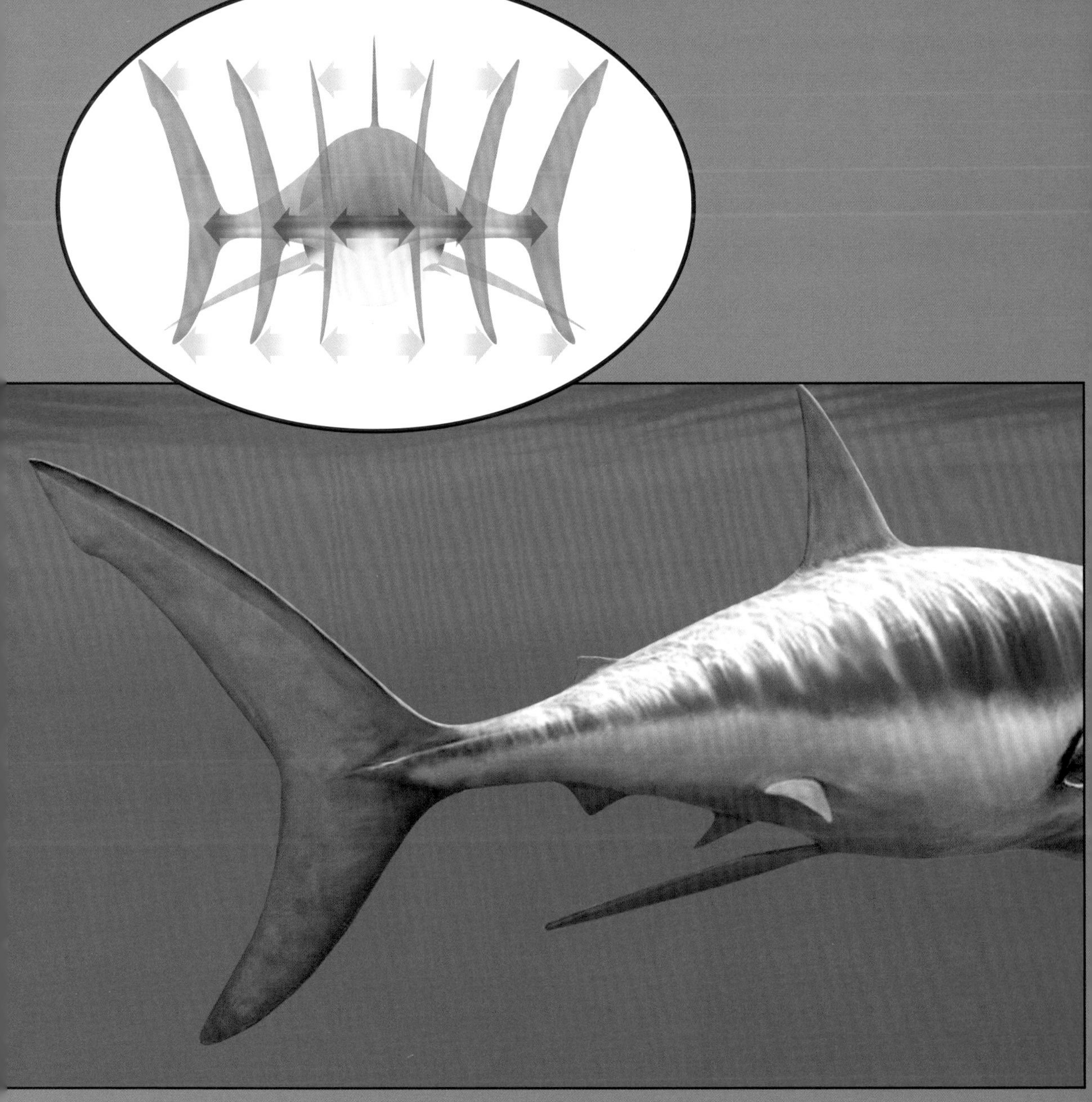

声呐

虎鲸没有耳廓。它们通过反弹回来的声音接近鱼类。虎鲸用声呐导航、定位海洋中的其他生物和寻找同伴。它们能够辨别回声和水中的其他振动。这被称作“回声测距”。

知识拓展

声呐（sonar）其实是英语“sound navigation and ranging”的字母缩写。

你知道吗？

尽管潜艇也使用了声呐技术，但其实首先使用声呐的是大自然！此外，蝙蝠也使用声呐！

在虎鲸眼中，水下的你长这样。

嗅　觉

你知道吗？

大白鲨能嗅到 5 千米之外的血腥味！

在水下，大白鲨能感知你的电流。

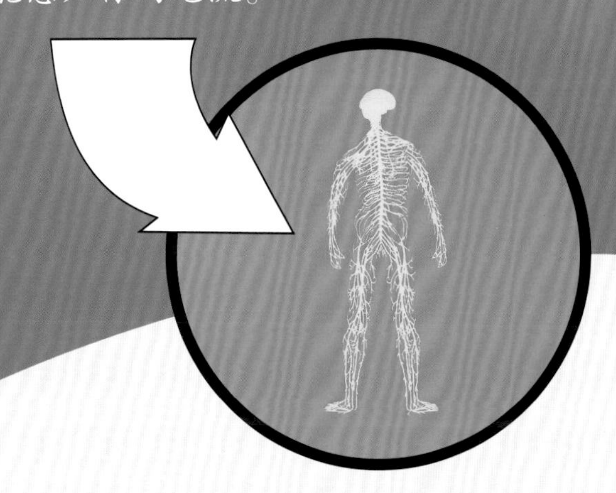

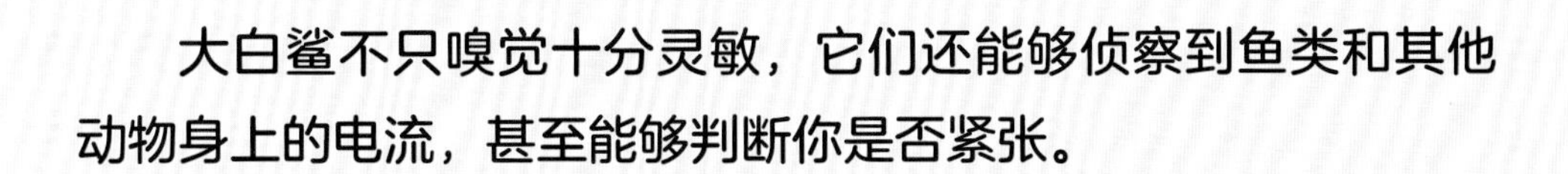

大白鲨不只嗅觉十分灵敏，它们还能够侦察到鱼类和其他动物身上的电流，甚至能够判断你是否紧张。

虎鲸很重视家庭，它们是群居动物。虎鲸妈妈、爸爸、孩子、阿姨、叔叔和表亲共同吃住、活动、玩乐。它们彼此之间互相照顾。

大白鲨则不太合群。尽管大白鲨有时会三三两两组队捕食，但大多数情况下，它们都是独自活动、捕猎和进食的。

虎鲸能够随时停止游泳并在原地静止踩水。它们的最高时速可达 48 千米，这在大海里算是很快的！

你知道吗？
虎鲸的皮肤很光滑。

大白鲨从来不会停止游动。它们必须通过不断游动让海水持续流经鳃，以此获得氧气。大白鲨的时速约为 3.2 千米，但它们可以瞬间加速到 32 千米 / 时。

知识拓展

大白鲨的表皮很粗糙，像砂纸一样。大多数鱼类体表都有鳞片，而大白鲨的体表则布满了如同小齿一样的尖利鳞片。

大白鲨体表的鳞片放大图。

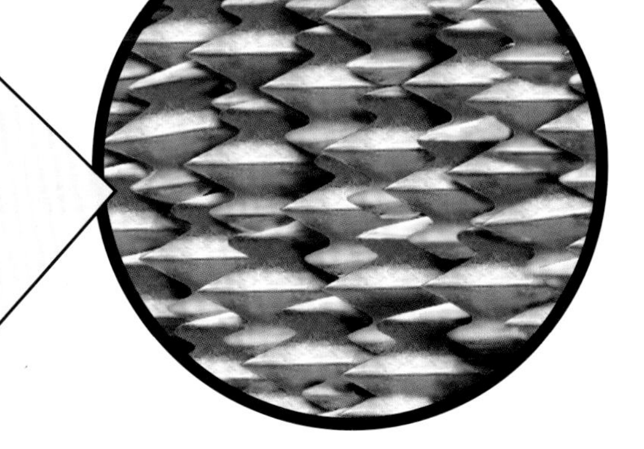

虎鲸的大脑

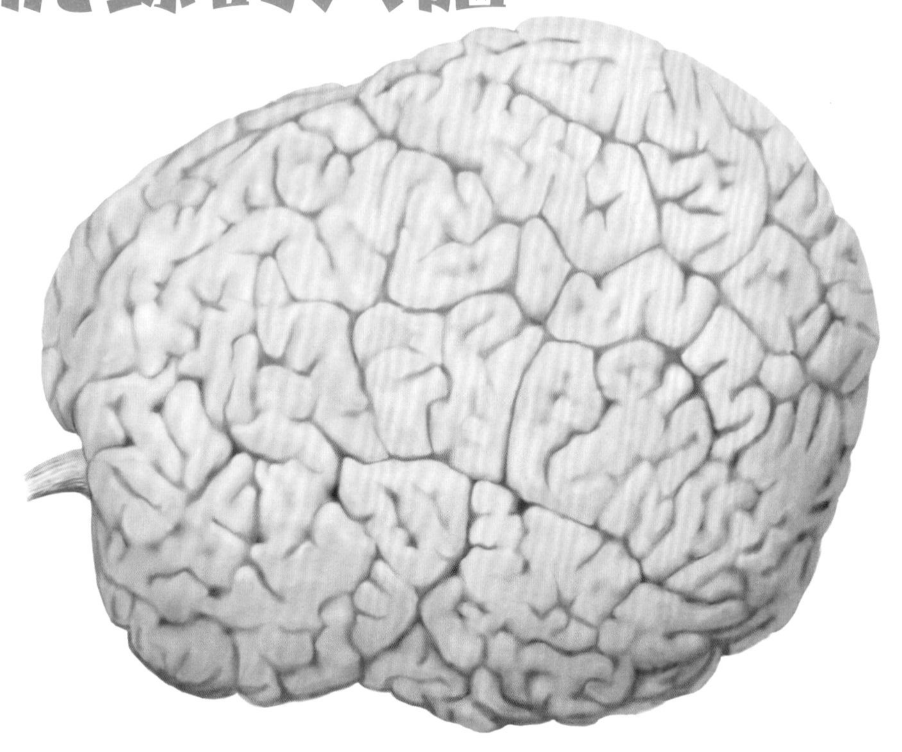

虎鲸的大脑和人类的大脑看上去很相似，但大小是人类大脑的三倍。虎鲸极其聪明。

人类的大脑

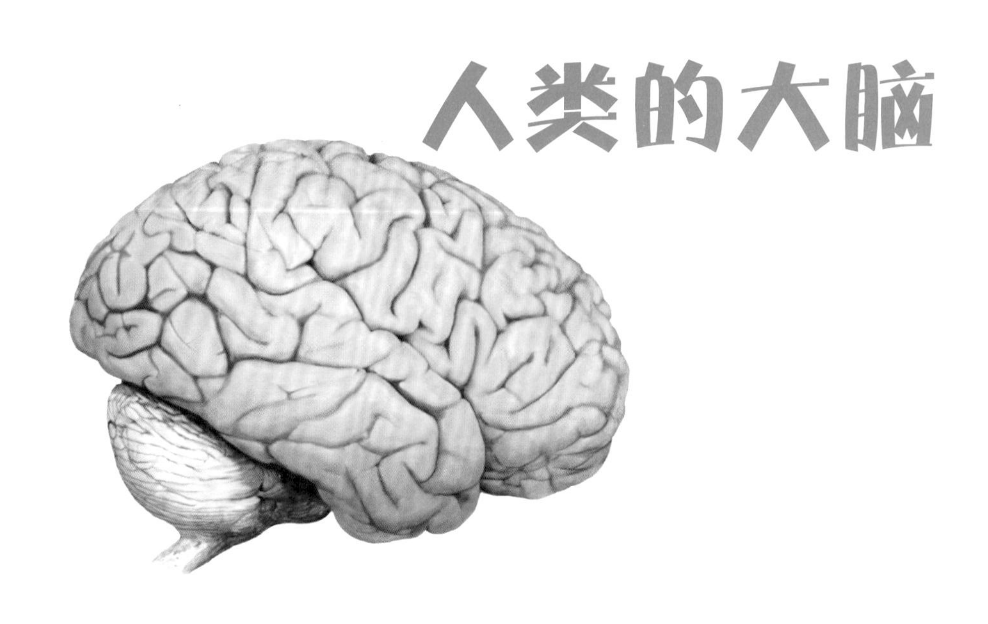

大白鲨的大脑

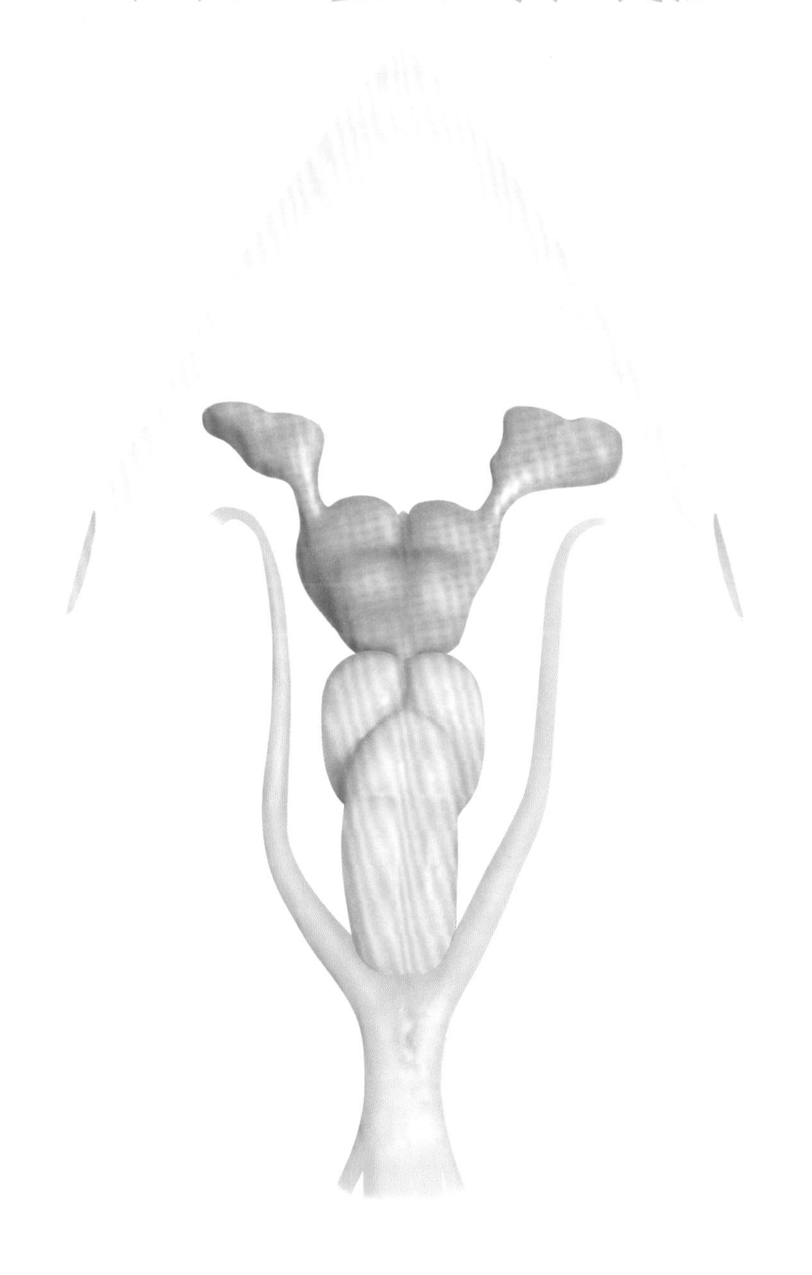

大白鲨的大脑不是圆形的，而是由若干部分组合在一起。它的形状如同字母“Y”。科学家们认为，大白鲨脑部的不同部分连接着不同的感官。

虎鲸会被人类捕获，并能够生活在像海洋馆这样的人工环境中，还能被训练表演特技。它们可是海洋馆里的表演明星。

大白鲨很难长时间生活在人工环境中。好莱坞热衷于拍摄关于大白鲨的影片，大白鲨可是电影明星！

如果一头虎鲸和一头大白鲨在大海中相遇，接下来将会发生什么呢?

如果它们体形相当呢?
如果它们都饥肠辘辘呢?
如果它们打上一架呢?

不好！虎鲸和大白鲨在同一时间出现在同一地点！它们都觉察到了对方的存在。大自然的竞争是激烈的，它们都在思考着如何发起进攻！

大白鲨喜欢从底部进攻。
虎鲸则会从任何角度发动攻击。
它们正在逼近对方，战斗一触即发。

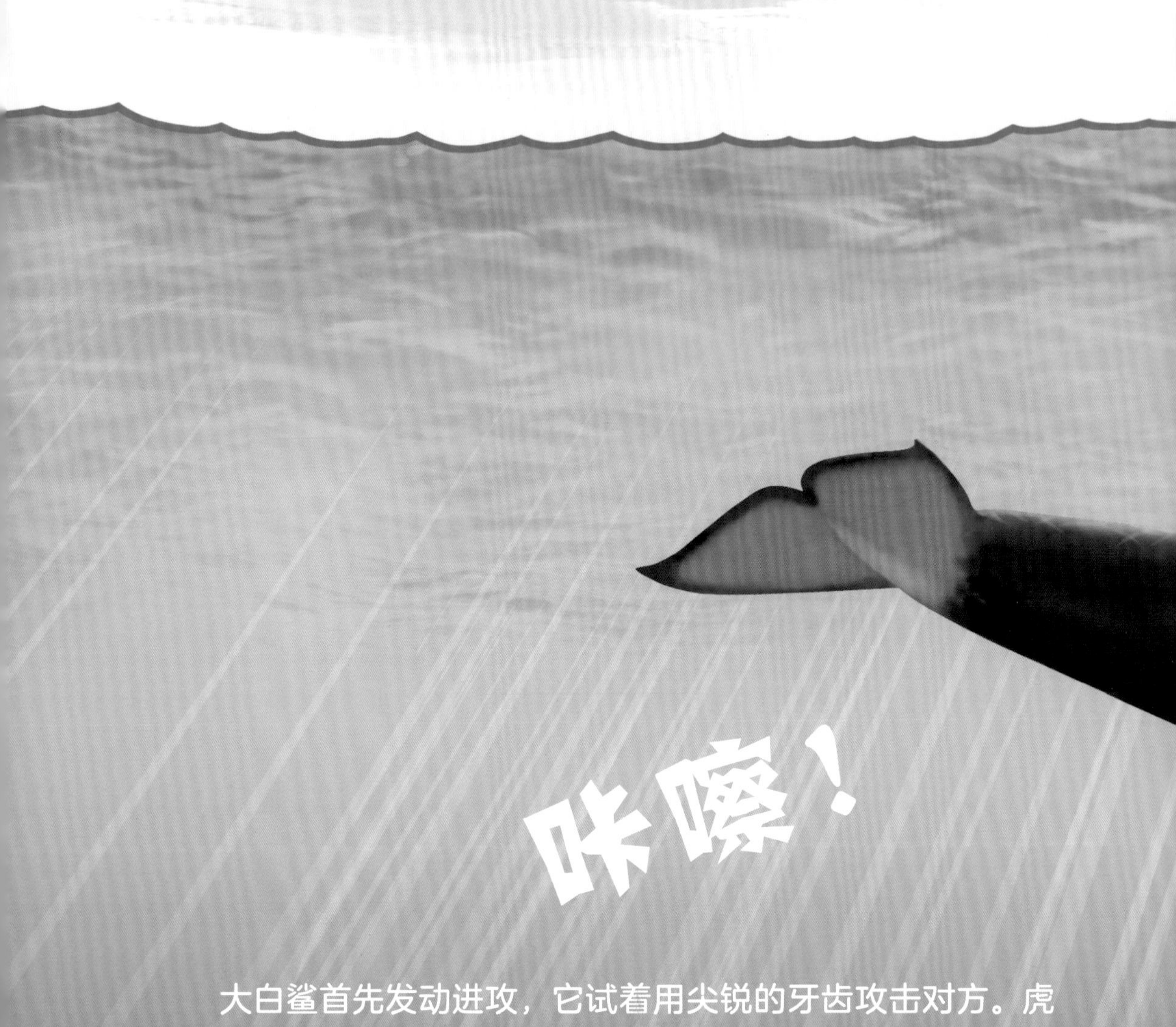

大白鲨首先发动进攻，它试着用尖锐的牙齿攻击对方。虎鲸比大白鲨更加机智，它趁其不备咬了大白鲨一口。时间过去了 1 秒、2 秒、3 秒！战斗结束！没有对抗！凶狠的大白鲨甚至还没弄清楚到底是谁在攻击它。

今天的胜者是虎鲸。假如下次它们俩再次相逢，你觉得将会发生什么？谁将会取胜？你觉得大白鲨在智力处于劣势的情况下能够扳回一局吗？

实力大比拼

参数对比

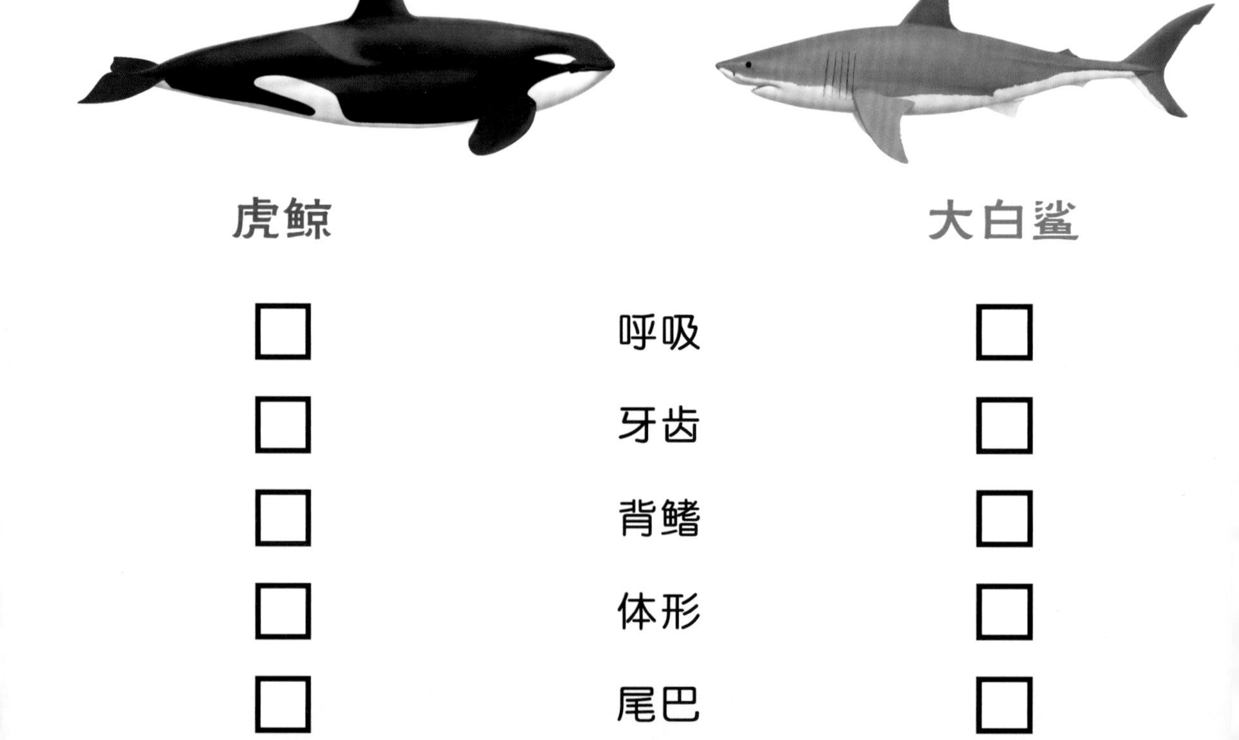

虎鲸		大白鲨
□	呼吸	□
□	牙齿	□
□	背鳍	□
□	体形	□
□	尾巴	□
□	嗅觉	□
□	视力	□
□	族群	□
□	智力	□
□	速度	□

这不过是其中一种可能的战斗结果。亲爱的小读者，如果是你，你会怎么书写结局呢？

SCHOLASTIC

WHO WOULD WIN

猜猜谁会赢

鲸鱼对战大王乌贼

[美] 杰瑞·帕洛塔 / 著　[美] 罗布·博斯特 / 绘　纪园园 / 译

中信出版集团 · 北京

图书在版编目（CIP）数据

鲸鱼对战大王乌贼 /（美）杰瑞 · 帕洛塔著；（美）罗布 · 博斯特绘；纪园园译 . -- 北京：中信出版社，2018.1（2024.12 重印）
（猜猜谁会赢）
书名原文：Who Would Win? Whale vs. Giant Squid
ISBN 978-7-5086-7906-8

I. ①鲸… Ⅱ . ①杰… ②罗… ③纪… Ⅲ . ①鲸－少儿读物 ②乌贼－少儿读物 Ⅳ . ① Q959.841-49 ② Q959.216-49

中国版本图书馆 CIP 数据核字（2017）第 174850 号

鲸鱼对战大王乌贼
（猜猜谁会赢）

著 者：[美] 杰瑞 · 帕洛塔
绘 者：[美] 罗布 · 博斯特
译 者：纪园园
出版发行：中信出版集团股份有限公司
（北京市朝阳区东三环北路 27 号嘉铭中心 邮编 100020）
承 印 者：北京尚唐印刷包装有限公司

开 本：787mm × 1092mm 1/16　印 张：26　字 数：228.8 千字
版 次：2018 年 1 月第 1 版　印 次：2024 年 12 月第 20 次印刷
京权图字：01-2017-6372
书 号：ISBN 978-7-5086-7906-8
定 价：169.00 元（全 13 册）

图书策划：红披风
策划编辑：谢媛媛　责任编辑：谢媛媛 黄盼盼　营销编辑：单云龙 谢 沐
装帧设计：谭 潇 颂煜图文　责任印制：刘新蓉

如果鲸鱼和大王乌贼在水里狭路相逢，会有什么好戏上演？它们同是喜欢吃肉的食肉动物，都不是好惹的家伙。如果鲸鱼和大王乌贼大战一场，你觉得谁会赢呢？

抹香鲸的拉丁学名：*Physeter macrocephalus*

让我们来认识一下抹香鲸。

“大”数据
蓝鲸是地球上体形最庞大的生物。

关于颜色
鲸鱼的血液是红色的。

第二“大”数据
抹香鲸能够生长到 18 米长，50 吨重。

除了蓝鲸，抹香鲸是世界上体形最大的鲸鱼之一。地球上几乎所有大型鲸鱼都属于须鲸，须鲸是没有牙齿的。不过抹香鲸是个例外，它体形巨大，而且生有牙齿，不过它们的牙齿只长在下颌上。

抹香鲸看上去像一个长着尾巴的大脑袋，它的拉丁学名的意思是“长有大脑袋的鼓风机”。抹香鲸是齿鲸中体形最为庞大的，而且抹香鲸的脑袋是地球生物中最大的。

抹香鲸脑袋前端有一个喷水孔。

关于长度

抹香鲸的脑袋长度可达 6 米。

大王乌贼的拉丁学名：*Architeuthis dux*

让我们来认识一下大王乌贼。实际上，大王乌贼并不是乌贼，而是巨型鱿鱼。大王乌贼只是它们的俗称罢了。

小知识

鱿鱼、章鱼、鹦鹉螺和乌贼（即墨鱼）都属于头足纲动物。

知识拓展

在美国餐馆的菜单上，鱿鱼的名字经常以意大利语“calamari”出现。

大王乌贼属于软体动物，而鱿鱼属于软体动物中的头足纲动物。头足类的意思是“头和脚”。鱿鱼的脑袋看上去就像是直接生长在脚上一样。鱿鱼共有 8 条腕足和 2 条用于捕食的长触腕。其腕足上有吸盘，而长触腕末端则生有钩和吸盘，就像是手一样。

大王乌贼生有鳍，用于操控方向。大王乌贼从头部吸水，然后将水挤压出体内来向前行进。大王乌贼这种前进方式如同喷气发动机。

关于体形

体形最庞大的鱿鱼要数大王乌贼和大王酸浆鱿了。

你知道吗？

大王乌贼大脑的大小和形状就像一个小甜甜圈。

大王乌贼能够长到 18 米长，200 千克重。大多数被冲上沙滩的大王乌贼长度在 6 ~ 9 米。好大一盘鱿鱼大餐哪！

哺乳动物

鲸鱼属于哺乳动物。正在看这本书的你也属于哺乳动物哟。再举几个哺乳动物的例子吧：

海豚

猴子

关于大脑

抹香鲸的大脑比任何一种曾在地球上出现过的生物的大脑都要大。

袋鼠

狗

释义

哺乳动物是脊椎动物，大多数全身被毛、恒温、胎生，因能通过乳腺分泌乳汁给幼体哺乳而得名。

老鼠

软体动物

鱿鱼属于软体动物。再举几个软体动物的例子吧：

贻贝

章鱼

你知道吗？

软体动物的英文既可以写作“mollusk”也可以写作“mollusc”。

蜗牛

蛤蜊

释义

软体动物指的是身体柔软，通常生活在水中，身披硬保护壳的一类生物。

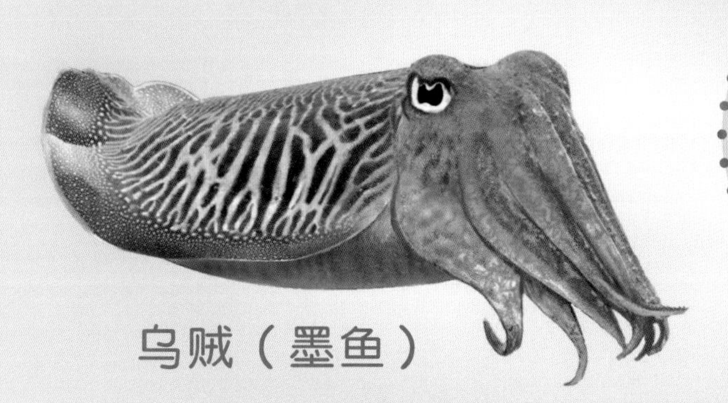

乌贼（墨鱼）

眼　睛

抹香鲸的眼睛只有 5 厘米宽。

趣事百科

抹香鲸可以下潜至海面下 800 米的海域，这里毫无光亮，漆黑一片。

眼　睛

这是人类的眼球。

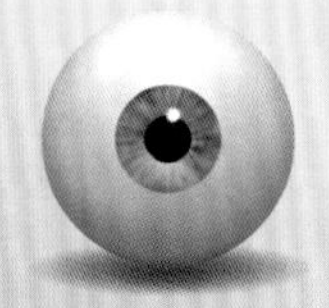

比较一下大王乌贼的眼球吧。大王乌贼的眼球是地球生物中最大的，有篮球那么大。这样巨大的眼球能够帮助大王乌贼在极深的海底看得一清二楚。

牙 齿

抹香鲸的牙齿非常长，形状就像工业粉笔。你们注意到了吗？抹香鲸的上颌没有牙齿。当抹香鲸闭上嘴巴的时候，下颌的牙齿会完美地嵌入上颌的缺口中。

趣事百科

抹香鲸下颌每侧各有20～25颗牙齿。

知识拓展

人们可以通过观察抹香鲸牙齿的年轮来判断它的年龄。

你知道吗？

以前的捕鲸者会在鲸鱼的牙齿或骨头上雕刻美丽的花纹，这种工艺被称作“贝雕”。

喙

在鱿鱼的八条腕足和两条长触腕之间的是它的嘴巴。鱿鱼没有牙齿，只有一只喙，就像鹦鹉的鸟喙一样。

小知识

鱿鱼的喙尖儿非常坚硬，但是底端的质地却像橡胶一样。

鱿鱼的喙是由一种叫作“几丁质”的物质构成的，这跟你指甲的构成成分一样哟。

尾 巴

抹香鲸的尾巴是水平的，其宽度可达 5 米。

你知道吗？
像翅膀一样的尾巴也被称作“尾鳍”。

试一试
用一把卷尺在你的教室里量出 5 米的长度。哇！好宽的尾鳍！

其他鲸鱼的尾鳍形状：

蓝鲸

座头鲸

鳁鲸

露脊鲸

鳍 片

大王乌贼的躯干部分看上去像一个大斗篷，在躯干末端生有鳍。大王乌贼可以用鳍片掌握方向，甚至可以反转鳍片的动作以向后游动。

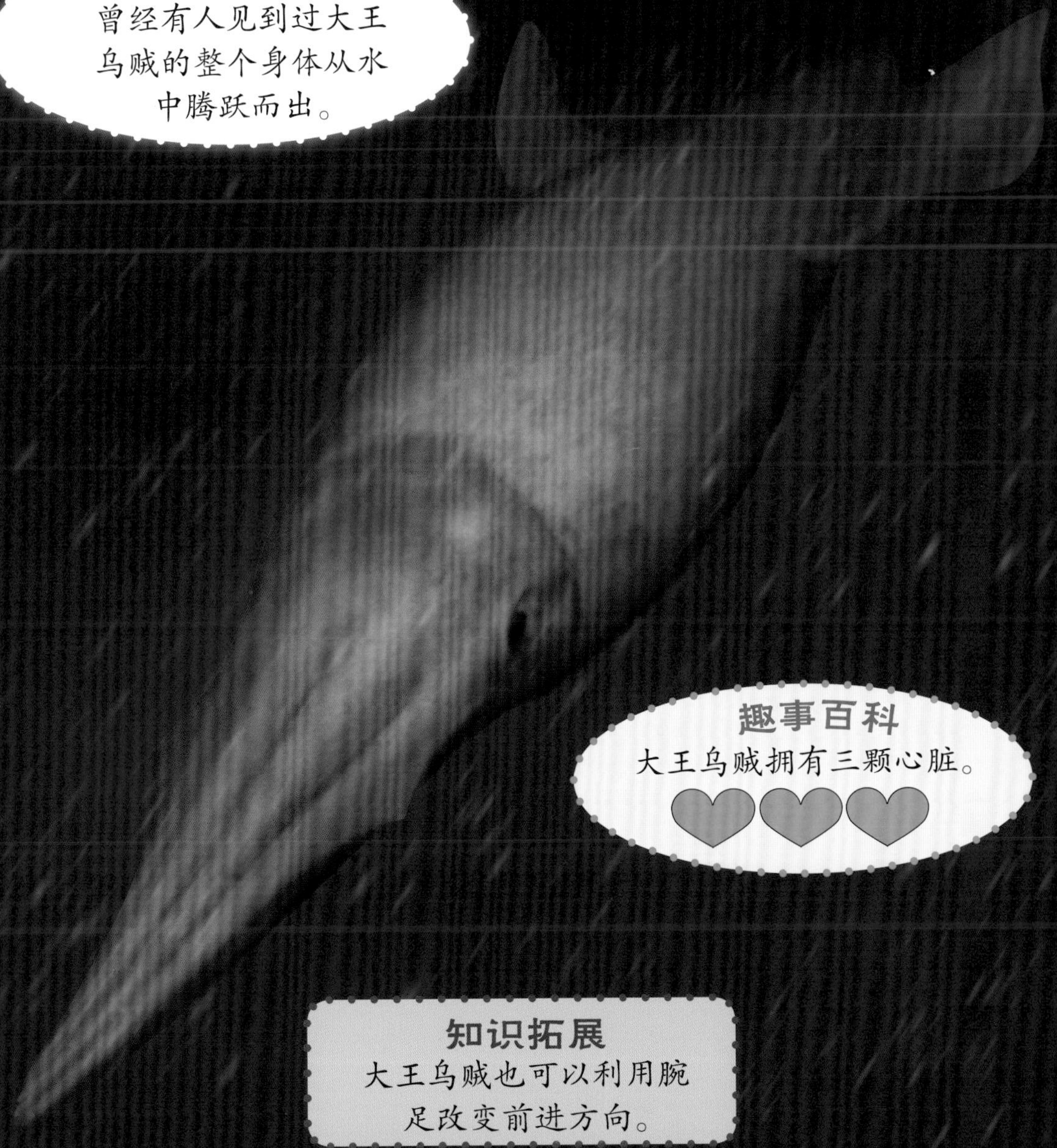

百科

曾经有人见到过大王乌贼的整个身体从水中腾跃而出。

趣事百科

大王乌贼拥有三颗心脏。

知识拓展

大王乌贼也可以利用腕足改变前进方向。

油

真实而悲伤的往事：在石油被发现之前，鲸鱼曾经是重要的油料资源。据估计，曾有约 60 万只抹香鲸因为人类获取油料而被捕杀。

庆幸的是，1986 年，《禁止捕鲸公约》生效，各国放弃商业捕鲸。

百科

在一只抹香鲸的脑袋里，大约储存了 6 ～ 8 桶油。

知识拓展

人类首次因获取油料而捕杀鲸鱼是在 1690 年。捕鲸业在 18 世纪和 19 世纪达到鼎峰。

这是最为典型的楠塔基特岛捕鲸船的样子。随着技术的改进，人们可在船上提炼鲸油。一般情况下，捕鲸船会在海上停留四年之久。

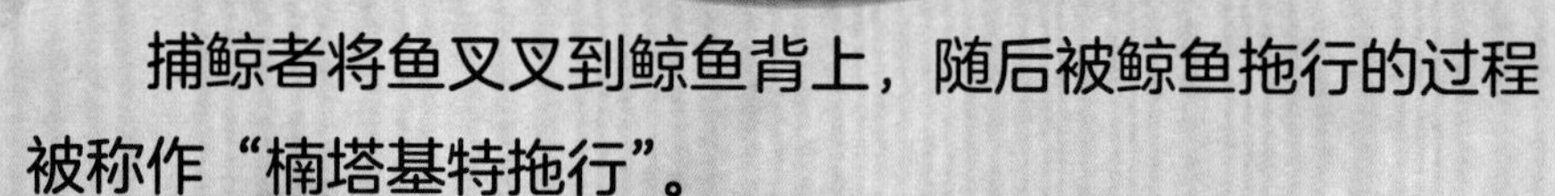

捕鲸者将鱼叉叉到鲸鱼背上，随后被鲸鱼拖行的过程被称作“楠塔基特拖行”。

现金奖励

迄今为止，从未有人活捉过大王乌贼。如果你有幸捉到，肯定会有人愿意出一百万美元来买的。

$1,000,000

奖励

晚　餐

抹香鲸以大王乌贼、鱿鱼、黄貂鱼、章鱼和鱼类为食。

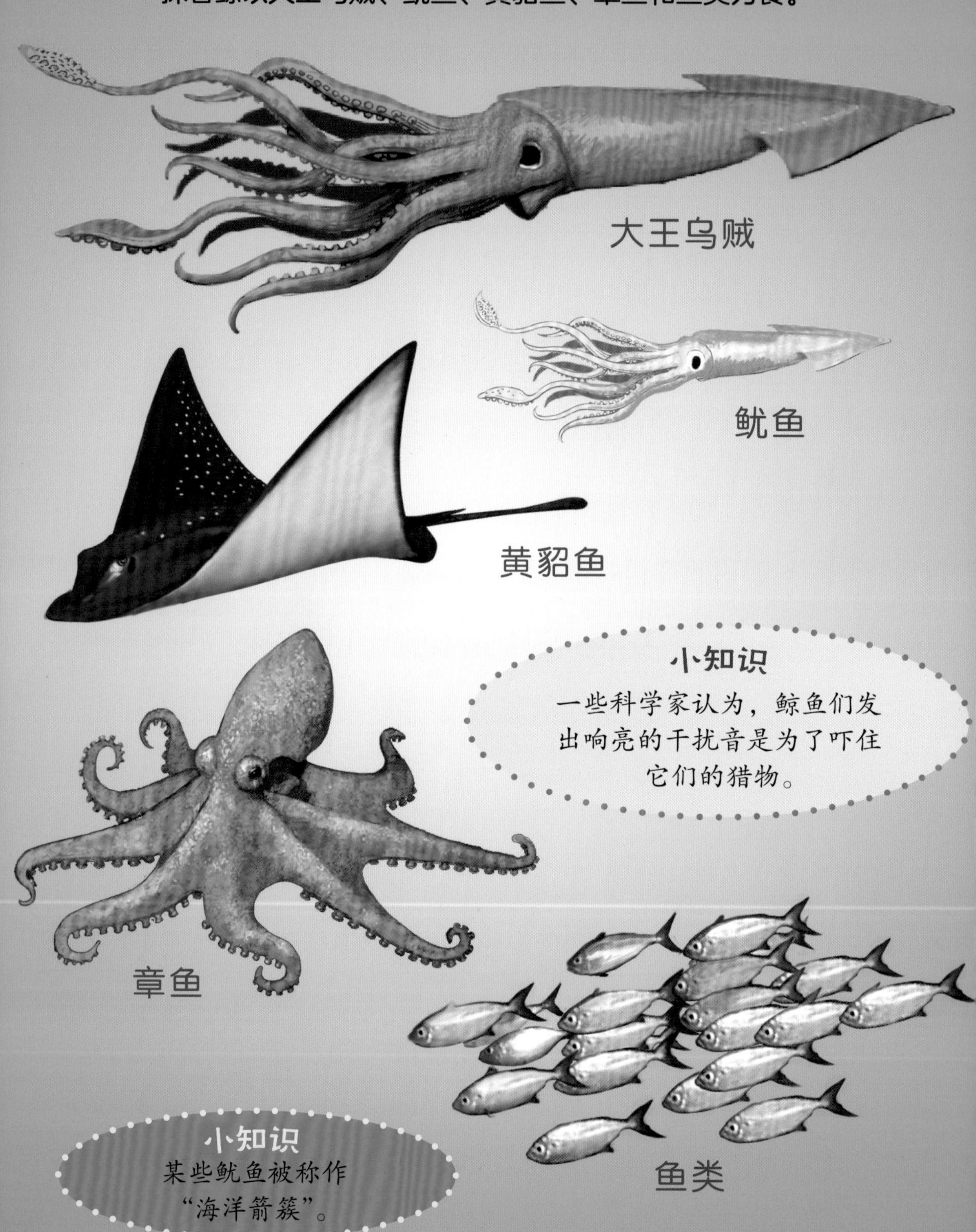

小知识

一些科学家认为，鲸鱼们发出响亮的干扰音是为了吓住它们的猎物。

小知识

某些鱿鱼被称作“海洋箭簇”。

晚 餐

大王乌贼以鱼类、虾类和其他鱿鱼为食。大王乌贼的两条长触腕末端生有尖锐的刺，能帮助它抓住猎物，并将猎物拉进它的喙中。

鱿鱼的“长触腕”和“腕足”也被称作“触须”。

长触腕特写

关于颜色

大王乌贼的血液是蓝色的。

速度

抹香鲸的游动速度可达每小时 40 千米。

你知道吗？

达氏鼠海豚的游动速度可超过每小时 80 千米。

趣事百科

速度最快的鱼类当属旗鱼，它们的游动速度可达每小时 145 千米。

深度

抹香鲸可下潜至水下 500 米深的深度。

太震惊了

抹香鲸能够在水下闭气达两个小时。一般情况下，抹香鲸潜水时长约为 45 分钟。

速度

大王乌贼的游动速度可达每小时 32 千米。

最高
时速
32

大洋底

海底峡谷

深?度

大王乌贼下潜的最大深度至今没有测量到，不过肯定比鲸鱼要深。大王乌贼的灵活性要高于鲸鱼，而且可以突然转变前进方向，并且能够向后游动。

小知识

鱿鱼无须到水面上换气。

回声定位

在深海中，鲸鱼通过回声定位的方式确定自己的位置。而且，鲸鱼会根据猎物身上弹回的声音确定猎物的方位。与大王乌贼相比，鲸鱼可算幸运多了，因为大王乌贼根本听不见。

释义

根据从猎物身上弹回的声音判断方位的这种空间定位法叫作“回声定位”。鲸鱼正是利用这种方法寻找食物的。

关于声音

声呐是进行声波定位的一种装置。蝙蝠、鲸鱼、鼩鼱，以及一些鸟类都拥有声呐系统。潜艇里也装有声呐哟！

关于抹香鲸，我们有太多未知的事情了。我们不知道为什么抹香鲸的上颌没有牙齿，我们也不知道有多少抹香鲸曾被大王乌贼杀掉。

我们并不知道大王乌贼能活多久。有的科学家认为大王乌贼的寿命只有 3 年。

秘密武器

鱿鱼在遇到困难时，也会像墨鱼（即乌贼）一样向进攻者喷射墨汁，这一逃生方法被称作“喷墨”。

关于晚餐

一些著名的大厨会使用墨鱼汁制作意大利面，这种意面被称作“墨鱼汁意面”。

我们并不知道大王乌贼能下潜多深，不知道它们的数量有多少。我们不知道大王乌贼生活在哪里，但是很明显，它们更喜欢深邃幽冷的海域。我们不知道为什么没人能活捉大王乌贼。

你知道吗？

现在还从未发现淡水鱿鱼。

知名鲸鱼

《白鲸》是美国作家赫尔曼·麦尔维尔的著名小说。实际上，小说中的白鲸指的是白色抹香鲸。白色抹香鲸莫比·迪克曾咬断了捕鲸船船长的一条腿，船长发誓要复仇。在小说最后，抹香鲸撞破捕鲸船，使其沉没。

趣事百科
《白鲸》被改编成著名的同名电影。

这一故事根据抹香鲸撞沉楠塔基特捕鲸船埃塞克斯号的真实事件改编而成。纳撒尼尔·菲尔布里克根据这一故事，创作了非虚构类作品《海洋深处》。

著名传说

在过去的数百年间，水手们都十分害怕遇见大王乌贼。有一种传说认为，大王乌贼出现在深不见底的海洋深处，体形庞大，甚至能一口吞下一艘船。

科幻小说家儒勒·凡尔纳曾在自己的小说《海底两万里》中描绘了大王乌贼袭击潜艇的故事。

鲸鱼饿极了，它潜到水下寻找食物。在下潜过程中，鲸鱼发出一阵阵声波，希望能探测到一顿美味的大餐。不过，鲸鱼只探测到了一些小鱼。它太饿了，它在寻觅一顿鱿鱼大餐。

大海深处，一只大王乌贼还没有进入鲸鱼的探测范围。

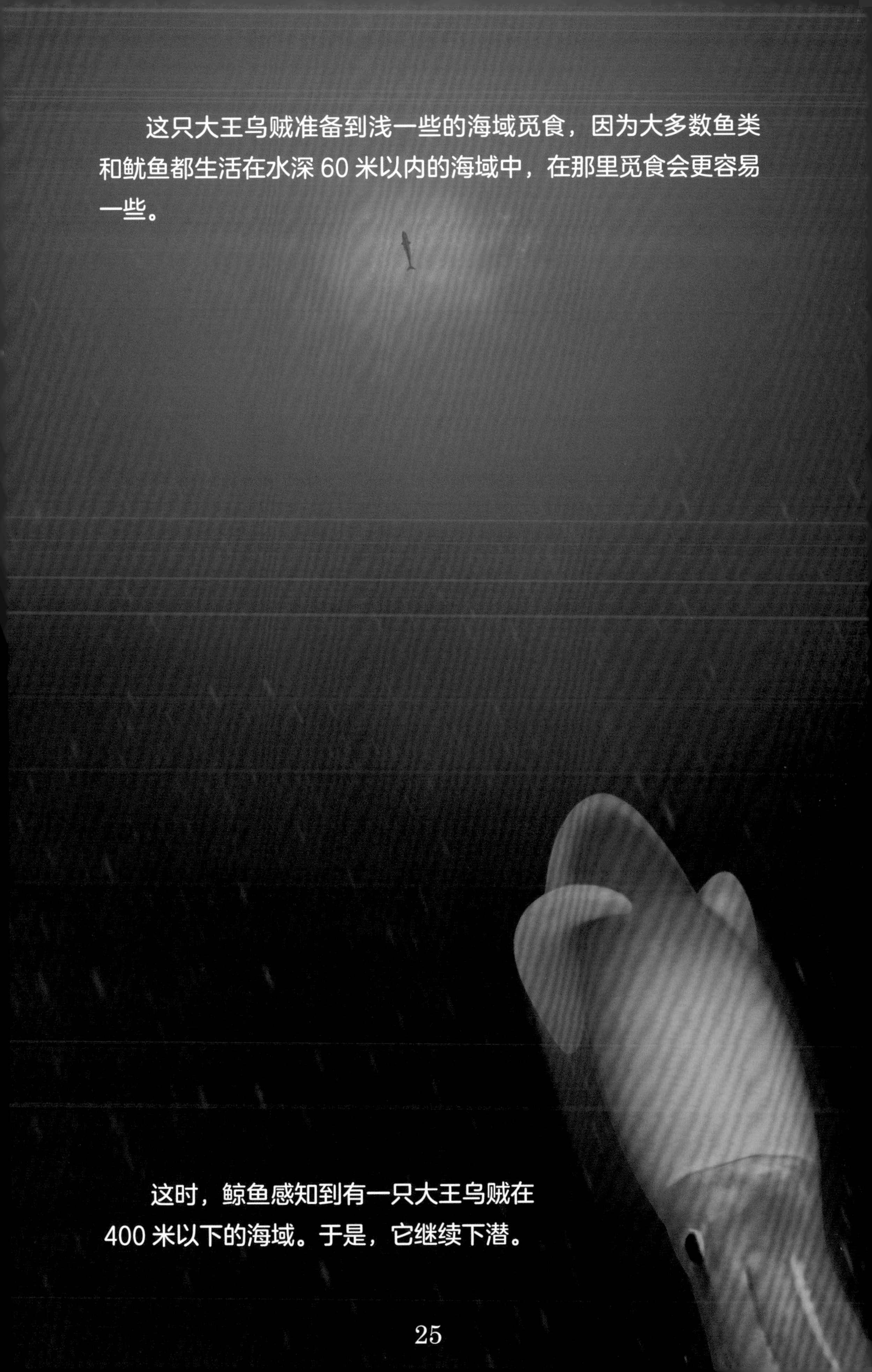

这只大王乌贼准备到浅一些的海域觅食，因为大多数鱼类和鱿鱼都生活在水深 60 米以内的海域中，在那里觅食会更容易一些。

这时，鲸鱼感知到有一只大王乌贼在400 米以下的海域。于是，它继续下潜。

此时，大王乌贼丝毫没有注意到鲸鱼正在靠近。而鲸鱼继续发射声波，逐渐探测出大王乌贼的准确位置。紧接着，鲸鱼张开血盆大口，向着大王乌贼咬去，成功撕下了大王乌贼的一小片长触腕。

大王乌贼向鲸鱼的脸上喷出墨汁，然后转身逃去。

鲸鱼跟在大王乌贼身后穷追不舍。大王乌贼注意到身后的鲸鱼，意识到这一战不可避免，于是准备发动反击。大王乌贼用腕足和长触腕缠绕住鲸鱼，用吸盘和钩子划开鲸鱼的皮肤。

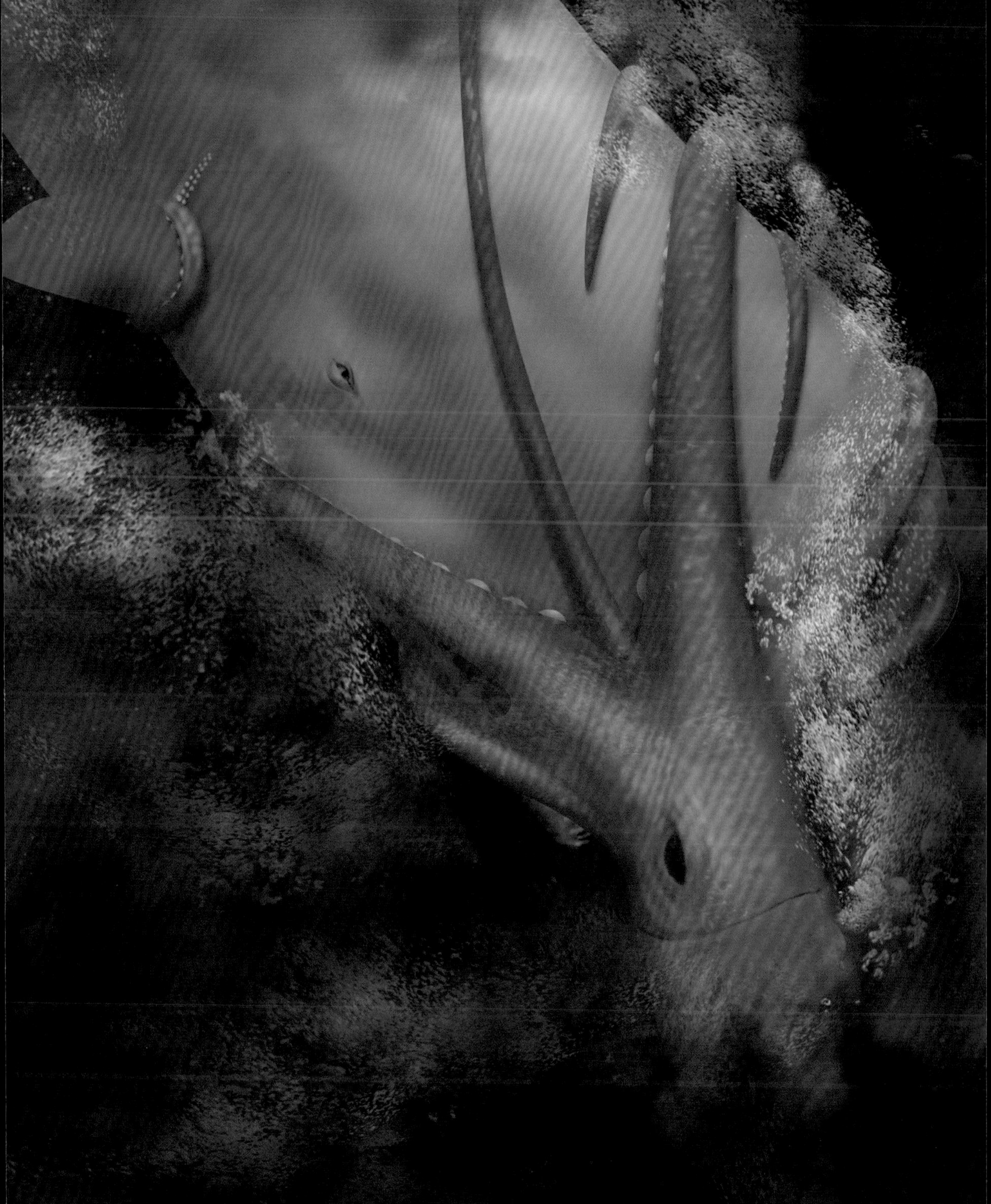

大王乌贼企图拖住鲸鱼，直到鲸鱼缺氧窒息而亡。然而，它的战术失败了。

鲸鱼转过身，咬掉大王乌贼身上的一块肉和几条腕足。再咬几口，大王乌贼就凶多吉少了。

鲸鱼尝到了大王乌贼肉的美味。

鲸鱼赢了，不过它脑袋上被吸盘和钩子刮破的痕迹将永远跟随着它。这是战斗留下的伤痕！

实力大比拼

参数对比

鲸鱼		大王乌贼
□	体长	□
□	体重	□
□	大脑	□
□	眼睛	□
□	牙齿	□
□	武器	□
□	速度	□

这不过是其中一种可能的战斗结果。亲爱的小读者，如果是你，你会如何书写结局呢？

SCHOLASTIC

WHO WOULD WIN

猜猜谁会赢

捕鸟蛛对战蝎子

TARANTULA VS. SCORPION

[美] 杰瑞·帕洛塔 / 著　[美] 罗布·博斯特 / 绘　纪园园 / 译

中信出版集团 · 北京

图书在版编目（CIP）数据

捕鸟蛛对战蝎子 /（美）杰瑞·帕洛塔著；（美）罗布·博斯特绘；纪园园译 . -- 北京：中信出版社，2018.1（2024.12 重印）
（猜猜谁会赢）
书名原文：Who Would Win? Tarantula vs. Scorpion
ISBN 978-7-5086-7906-8

I. ①捕… Ⅱ . ①杰… ②罗… ③纪… Ⅲ . ①蜘蛛目－少儿读物 ②全蝎－少儿读物 Ⅳ . ① Q959.226-49

中国版本图书馆 CIP 数据核字（2017）第 174853 号

捕鸟蛛对战蝎子
（猜猜谁会赢）

著　　者：[美] 杰瑞·帕洛塔
绘　　者：[美] 罗布·博斯特
译　　者：纪园园
出版发行：中信出版集团股份有限公司
（北京市朝阳区东三环北路 27 号嘉铭中心　邮编　100020）
承 印 者：北京尚唐印刷包装有限公司

开　　本：787mm × 1092mm　1/16　　印　　张：26　　字　　数：228.8 千字
版　　次：2018 年 1 月第 1 版　　印　　次：2024 年 12 月第 20 次印刷
京权图字：01-2017-6372　　本书插图系原文插图
审 图 号：GS 京（2024）1161 号
书　　号：ISBN 978-7-5086-7906-8
定　　价：169.00 元（全 13 册）

图书策划：红披风
策划编辑：谢媛媛　　责任编辑：谢媛媛　黄盼盼　　营销编辑：单云龙　谢　沐
装帧设计：谭　潇　颂煜图文　　责任印制：刘新蓉

如果捕鸟蛛和蝎子狭路相逢，会有什么好戏上演？如果双方都心情糟糕，想要大打出手，你觉得谁会赢得比赛呢？

巨型食鸟蛛的拉丁学名：*Theraphosa blondi*

让我们来认识一下捕鸟蛛。世界上约有 900 种不同的捕鸟蛛。本书中，我们将介绍体形最大的一种——巨型食鸟蛛。

百科
大多数捕鸟蛛的体形跟你的手掌差不多大。

释义
蛛形纲动物是生活在陆地上的一种节肢动物。蜘蛛、螨虫、蜱虫都属于蛛形纲动物。

哇哦
一只完全长成的巨型食鸟蛛大概有 30 厘米长。

捕鸟蛛是一种多毛蜘蛛，身侧分布着四对足。蜘蛛属于无脊椎动物中的蛛形纲。

以色列金蝎的拉丁学名：*Leiurus quinquestriatus*

让我们来认识一下蝎子。目前已知的蝎子种类已超过 1500 种。接下来，将要参加战斗的蝎子是以色列金蝎。

小心！

你肯定不想被蝎子蜇到。

百科

体形最大的蝎子当属帝王蝎，其体长达 20 厘米。而以色列金蝎的体长近 8 厘米。

蝎子也属于蛛形纲动物，它们生有一对钳子和一条长长的尾巴。蝎尾末端生有一根毒刺，毒刺旁有装满毒液的尾节。

捕鸟蛛的地洞

许多捕鸟蛛都生活在地洞中。大多数情况下，捕鸟蛛会自己挖掘地道，然后在地洞入口织网，阻挡入侵者，并防止水流入地洞。有时，捕鸟蛛会搬进蛇或者老鼠废弃的地洞中。

蝎子的地洞

蝎子住在岩石或树枝底下以及其他任何能够藏身的地方。大多数蝎子白天会躲起来，晚上再出来活动。

那里太冷了

蝎子和捕鸟蛛在南极洲都没有分布。

捕鸟蛛的身体结构

注意捕鸟蛛身体的分节，它们的身体分为前后两个部分。它们的腿是从前端的头胸部生出来的，而后端则是腹部。

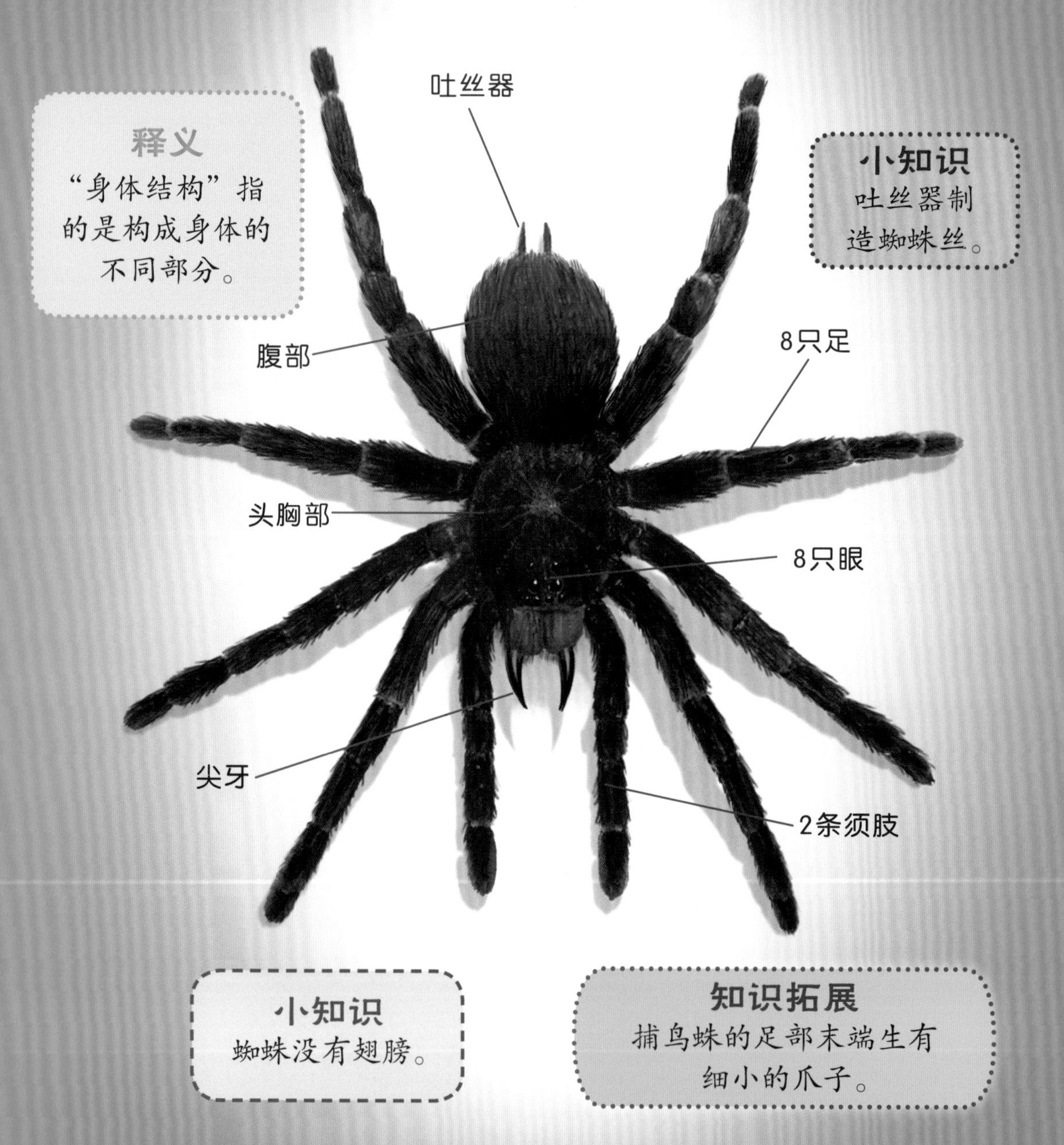

释义
“身体结构”指的是构成身体的不同部分。

小知识
吐丝器制造蜘蛛丝。

小知识
蜘蛛没有翅膀。

知识拓展
捕鸟蛛的足部末端生有细小的爪子。

看上去捕鸟蛛有 10 条腿，但事实并非如此。在捕鸟蛛嘴边的两条腿被称作“须肢”，就像是手臂一样，能够帮助捕鸟蛛移动食物。

蝎子的身体结构

蝎子头胸部的顶端生有两只眼睛，侧面生有 3 到 5 对眼睛。这些长在侧面的眼睛被称作“侧眼”。

趣事百科

蝎子的足上生有能够探测振动的感应器。而且蝎子每条足上都生有两只爪子。

小知识

蝎子没有翅膀。

你知道吗？

蛛形纲动物没有触须。

关于发光

在黑光灯（紫外光灯的俗称）的照射下，蝎子的身体会发光，因为蝎子能够反射紫外线。

捕鸟蛛的武器

捕鸟蛛的叮咬十分厉害，它们的尖牙上带有致命的毒液。

捕鸟蛛会用足摩擦毛茸茸的身体，然后向猎物发射被称作“螫毛”的体毛。这种令人讨厌的武器能让一些动物咳嗽，呼吸困难。

蝎子的武器

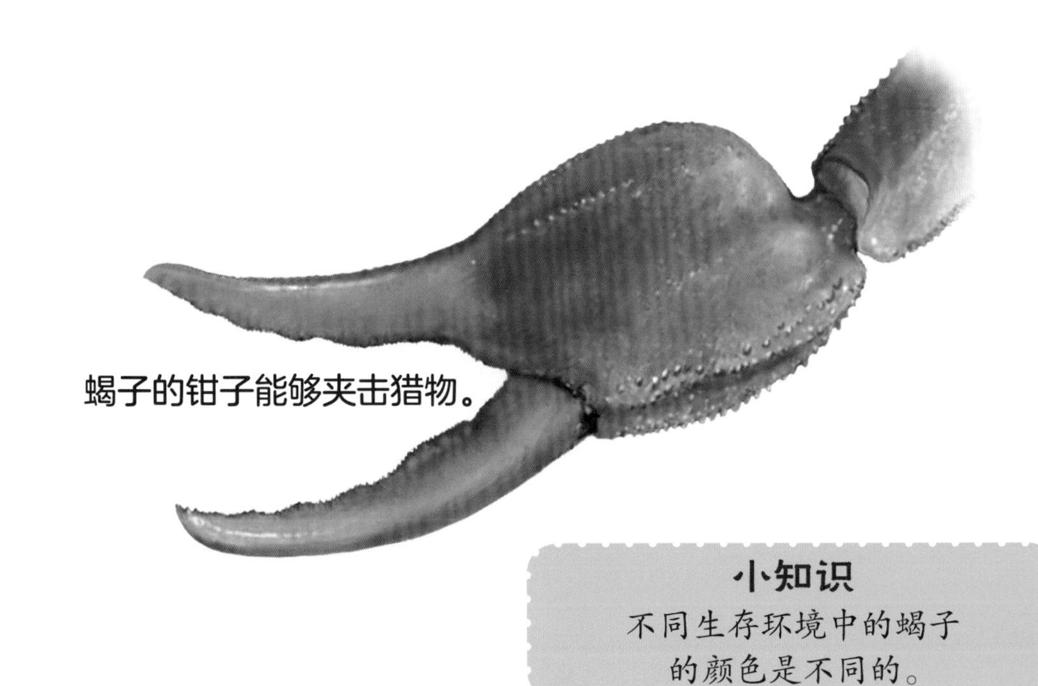

蝎子的钳子能够夹击猎物。

小知识

不同生存环境中的蝎子的颜色是不同的。

蝎子的毒刺能够穿透受害者的身体，其毒液能够麻醉受害者。

你知道吗？

蝎子也会向猎物吐消化液。

蝎子的口器上生有两个小钳子。

捕鸟蛛的表亲？

某些动物与捕鸟蛛非常相似。在动物王国里，还有许多动物生有 8 只足。

关于眼睛

大多数蜘蛛都有 8 只眼睛。

你知道吗？

捕鸟蛛的英文名称（tarantula）来源于意大利的传统舞蹈——塔兰泰拉。

所有“家庭成员”

你可以说蝎子就是“陆地上的龙虾”。

捕鸟蛛的美食

捕鸟蛛可不是素食主义者，它们属于食肉动物。捕鸟蛛会捕食昆虫、其他的蛛形纲动物、小老鼠、蜥蜴、蛇或者小鸟。

好恶心！

当捕鸟蛛把消化液吐到猎物身上后，猎物会变软，于是捕鸟蛛就可以对着猎物大快朵颐了。

知识拓展

捕鸟蛛会同类相食，它们会吃掉自己的同伴。

蝎子的美食

蝎子并不擅长主动捕猎，而是等待猎物来到自己家门口。蝎子的主要食物包括昆虫、蜘蛛和其他小虫子。

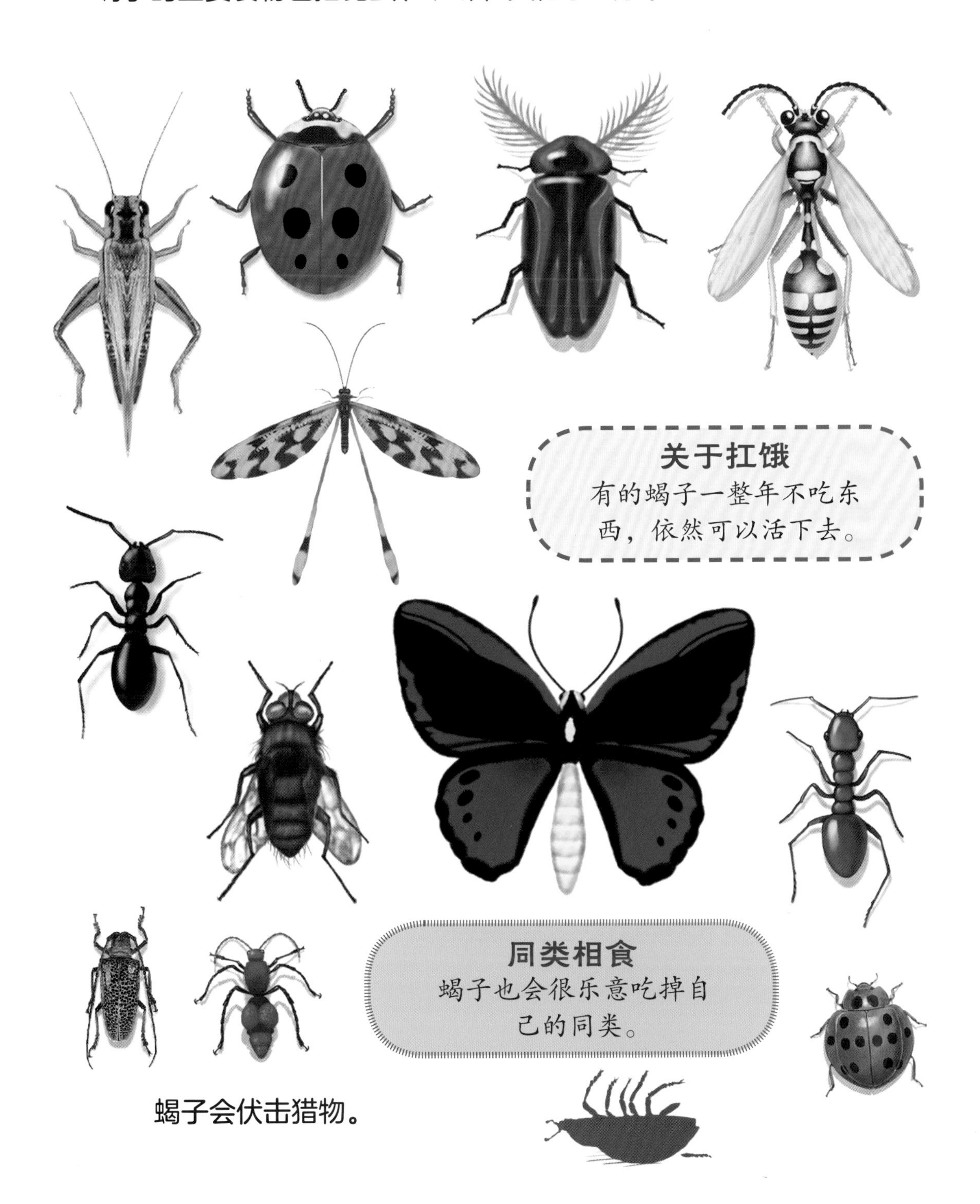

蝎子会伏击猎物。

蜕 皮

人类和其他哺乳动物的骨骼生长在身体内部，而捕鸟蛛和其他蛛形纲动物的骨骼则长在身体外部。

百科

捕鸟蛛拥有特别的外骨骼。外骨骼指的是身体外部的壳。

捕鸟蛛为了能让躯体生长得更大，会脱掉自己的外骨骼，这一过程被称作“蜕皮”。

小知识

哺乳动物拥有内骨骼。

你知道吗？

捕鸟蛛在蜕皮时，会脱掉全身的皮肤，包括嘴巴、呼吸系统和胃部的保护层。

我们也蜕皮！

蝎子也拥有外骨骼。可以说蝎子正是从它们自己的外皮中爬出来的。

小知识
蝎子刚蜕掉“外壳”的时候
是非常脆弱的。

这可不是两只蝎子的照片。照片中左侧的是蝎子的旧壳，而右侧的正是刚刚拥有一副新外骨骼的蝎子。

问题
你是如何判断出哪个是
外壳的呢？

答案
没有眼睛的那个！

美味！

捕鸟蛛对有些人来说是一道美味。他们会把捕鸟蛛穿在一根小棍子上，放在火上烤，就像吃烤棉花糖一样。据说，烤捕鸟蛛很好吃。

这是一盘烤捕鸟蛛。在亚洲、非洲和南美洲，捕鸟蛛是非常受欢迎的食物。

问题

你觉得你们学校的食堂会在午餐时供应捕鸟蛛吗？

你知道吗？

生活在亚马孙雨林的人，会将捕鸟蛛的内脏从腹部挤出来，像炒鸡蛋一样炒来吃。

比热狗好吃？

蝎子也是人们餐桌上的一道美食。而且吃蝎子的人数可不少，估计有几百万吧！

蝎子配面条，或者蝎子配米饭和豆子，你更喜欢哪个？或者来一根蝎子棒棒糖如何？

小知识

中国人每年能吃掉几百万吨蝎子。

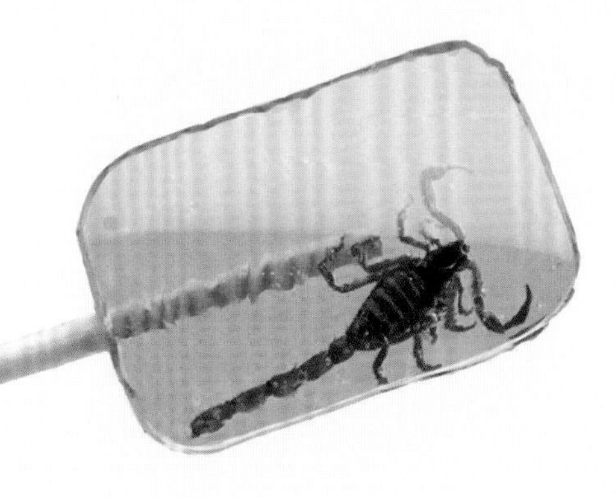

想象一下

这是处于战斗状态的捕鸟蛛形象。如果你跟蚂蚁一样大小，那么这就是你跟它搏斗时眼前的景象。

小知识

捕鸟蛛八条腿的身体结构能为它们带来极好的平衡。

捕鸟蛛队

“捕鸟蛛”会是个不错的橄榄球队的名字。

再想象一下

蝎子拥有进攻的“三叉戟”——左钳、右钳和锋利的尾巴。如果你正在与一只巨型蝎子战斗，那肯定就是这样子的！

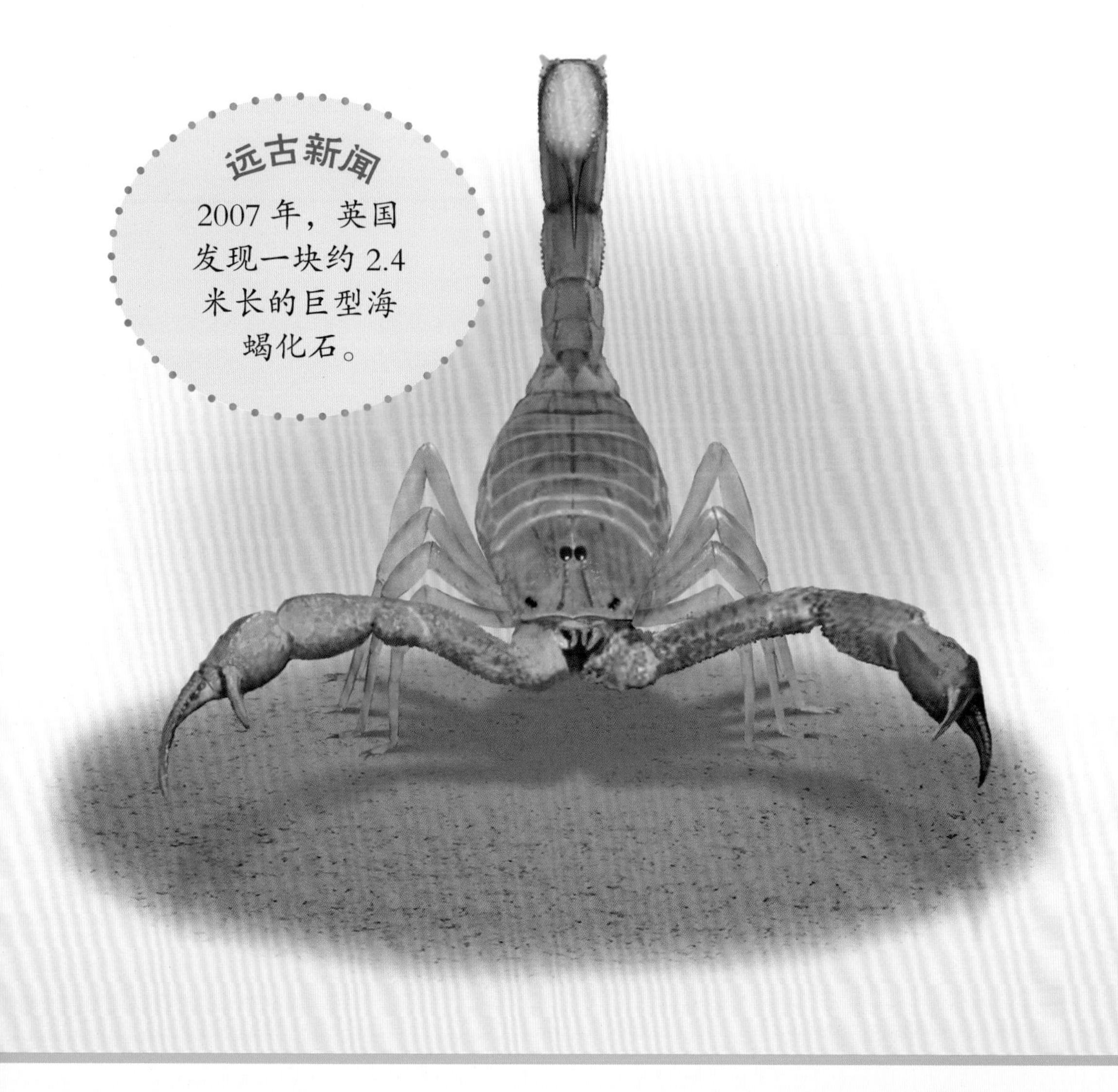

远古新闻

2007年，英国发现一块约2.4米长的巨型海蝎化石。

蝎子队

“蝎子”这名字作棒球队队名肯定会非常酷的。

捕鸟蛛幼虫

蜘蛛妈妈是不会照顾自己的小孩子的。幼蛛一出生就必须靠自己的力量生存下去。

你知道吗？

雌性蜘蛛可以活20多年。

蝎子宝宝

蝎子妈妈是非常尽职的，她们会把可爱的小宝宝驮在自己的背上。

趣事百科

蝎子已经在地球上生活了4亿多年了。

趣事集锦

蝎子在地球上的历史比蜘蛛还要长。

让捕鸟蛛犯难的事情

找到有8片镜片的眼镜。

找到合适的鞋子。

找到不会逃跑的理发师。

你不想与蝎子相遇的地方

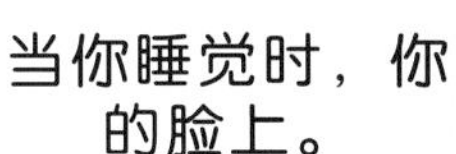

当你睡觉时，你的脸上。

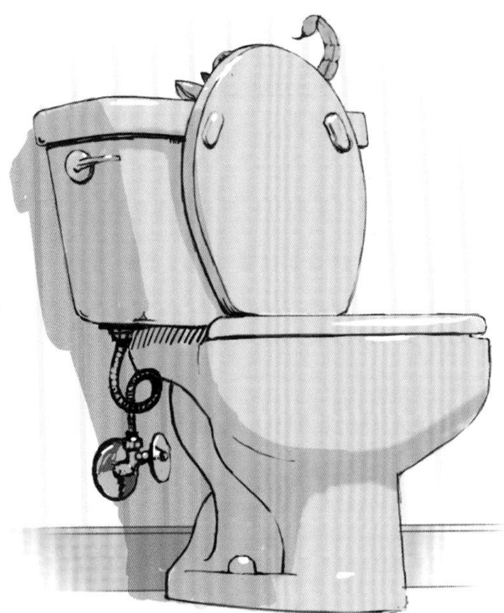

浴室附近。

你的午餐盒里。

捕鸟蛛正要爬上这棵大树。它的脚尖儿就像细针一样，想爬上这棵树毫无困难。

而蝎子则像往常一样躲在岩石后面。它并不想打扰任何人，只是在等待路过的食物而已。

很快，黄昏临近，蝎子钻出来看了看。

捕鸟蛛猛地跳到它身上，着实把它吓了一跳。一般情况下，捕鸟蛛都会用自己的腿和须肢牵制对手，然后用尖牙刺穿它们。不过，蝎子迅速发起了反击。捕鸟蛛可不喜欢被蝎子的钳子夹到。

蝎子快速闪开，躲掉了对手的进攻。

蝎子通常用自己的钳子和尾巴战斗。它退后几步，然后朝着捕鸟蛛冲了过去。蝎子用钳子抓住捕鸟蛛的须肢，然后截断了捕鸟蛛的一条腿。随后，蝎子向捕鸟蛛的腿里注射了毒液。

捕鸟蛛的体形比蝎子要大，但是现在它的一条腿已经麻木了。捕鸟蛛用力将蝎子掀翻，不过蝎子却灵活地翻过身来，抓住了捕鸟蛛的另一条腿。

就在捕鸟蛛还没搞清自己这条腿怎么了的时候，蝎子已经将毒液注射进了捕鸟蛛的身体。

毒液慢慢发挥作用，捕鸟蛛渐渐失去了知觉，慢慢停止了扭动。最后，捕鸟蛛将成为蝎子肚里的美味。

实力大比拼

参数对比

捕鸟蛛		蝎子
□	体形	□
□	洞穴	□
□	钳子	□
□	毒刺	□
□	尖牙	□
□	捕猎风格	□

这不过是其中一种可能的战斗结果。亲爱的小读者，如果是你，你会如何书写结局呢?

SCHOLASTIC

WHO WOULD WIN

猜猜谁会赢

龙 虾 对 战 螃 蟹

LOBSTER

CRAB

[美] 杰瑞・帕洛塔 / 著　[美] 罗布・博斯特 / 绘　纪园园 / 译

中信出版集团・北京

图书在版编目（CIP）数据

龙虾对战螃蟹 /（美）杰瑞·帕洛塔著；（美）罗布·博斯特绘；纪园园译．-- 北京：中信出版社，2018.1（2024.12 重印）
（猜猜谁会赢）
书名原文：Who Would Win? Lobster vs. Crab
ISBN 978-7-5086-7906-8

Ⅰ. ①龙… Ⅱ. ①杰… ②罗… ③纪… Ⅲ. ①龙虾科－少儿读物 ②蟹类－少儿读物 Ⅳ. ① Q959.223-49

中国版本图书馆 CIP 数据核字（2017）第 173629 号

龙虾对战螃蟹
（猜猜谁会赢）

著　　者：[美] 杰瑞·帕洛塔
绘　　者：[美] 罗布·博斯特
译　　者：纪园园
出版发行：中信出版集团股份有限公司
（北京市朝阳区东三环北路 27 号嘉铭中心　邮编　100020）
承 印 者：北京尚唐印刷包装有限公司

开　　本：787mm × 1092mm　1/16　　印　　张：26　　字　　数：228.8 千字
版　　次：2018 年 1 月第 1 版　　印　　次：2024 年 12 月第 20 次印刷
京权图字：01-2017-6372　　本书插图系原文插图
审 图 号：GS 京（2024）1161 号
书　　号：ISBN 978-7-5086-7906-8
定　　价：169.00 元（全 13 册）

图书策划：红披风
策划编辑：谢媛媛　　责任编辑：谢媛媛　黄盼盼　　营销编辑：单云龙　谢　沐
装帧设计：谭　潇　颂煜图文　　责任印制：刘新蓉

如果一只龙虾和一只螃蟹狭路相逢，大战一场，会有什么好戏上演？你认为谁会赢？

哪种龙虾来参战？

选哪种龙虾来和螃蟹大战一场呢？

刺龙虾

来自加勒比海的刺龙虾？不好意思，虽然你身披多棘的铠甲，可是你没有钳子。

粉点对虾

粉红对虾？不行，你只是虾而已，根本不是龙虾！

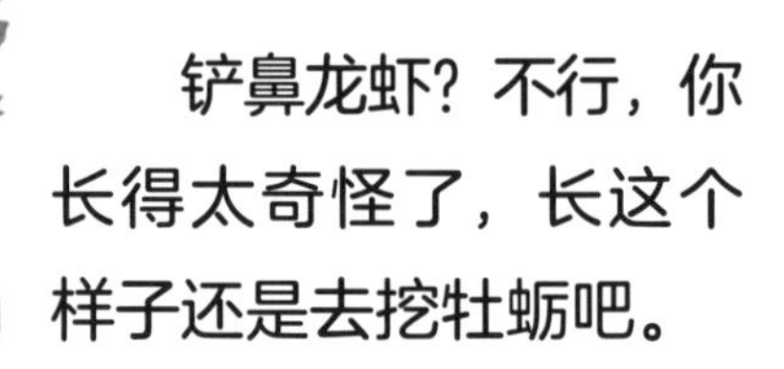

铲鼻龙虾？不行，你长得太奇怪了，长这个样子还是去挖牡蛎吧。

铲鼻龙虾

美国龙虾？棒极了，看那两只大钳子。

美国龙虾

哪种螃蟹来参战？

选哪种螃蟹来跟龙虾一决高下呢？

珍宝蟹

珍宝蟹？不行，这种螃蟹盛产于美国西海岸和旧金山，它们的壳太脆了。

阿拉斯加帝王蟹

阿拉斯加帝王蟹？不行，你只有六条腿！你还是去世界各地的餐馆里大展威名吧。

小知识

螃蟹有八条腿和一对前螯。

鲎（hòu）

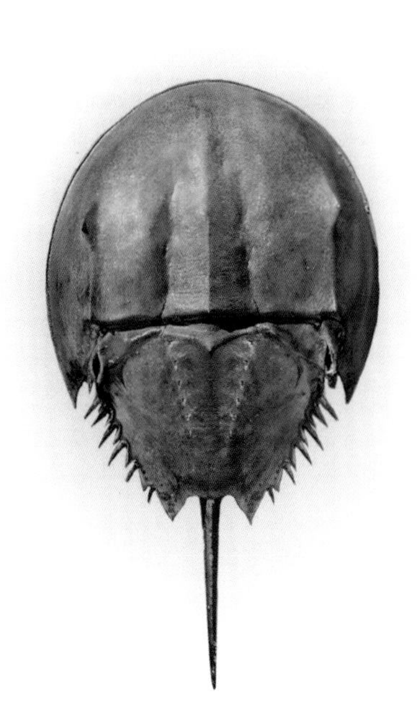

鲎？不行，你根本不是螃蟹！你看起来像是从史前穿越来的。

蓝蟹

蓝蟹？很好，你是世界上最广为人知的螃蟹，很可能也是最美味的螃蟹！

认识一下龙虾

美国龙虾的拉丁学名是 *Homarus americanus*，在美国的东海岸和加拿大东海岸最为常见。

小知识
龙虾的尾部肌肉十分发达。

小知识
龙虾属于甲壳（qiào）动物。其体表有一层几丁质外壳，称为甲壳。

奇闻
龙虾的牙齿长在肚子里。

最大的龙虾体长约 0.9 米，重达 20 千克。

认识一下螃蟹

这就是蓝蟹，世界上最著名的螃蟹。它的拉丁学名是 *Callinectes sapidus*，意思就是“漂亮而美味的游泳健将”。

释义

“sapidus”的意思就是好吃或者好闻的。

关于咀嚼

蓝蟹的嘴没有咀嚼的功能，它的体内有一个特殊的器官用来磨碎食物。

你知道吗？

蓝蟹可是游泳健将。

你知道吗？

蓝蟹没有尾巴。

最大的蓝蟹背宽 30 厘米，体重超过 450 克。

龙虾住在哪儿？

美国龙虾栖息在北卡罗来纳州海岸和加拿大东岸之间的海岸线附近。从岸边的浅水区到几千米外的深水区都有它们的踪迹。

螃蟹住在哪儿？

蓝蟹的栖息地分布广泛，从马萨诸塞州的科德角直至得克萨斯州和墨西哥的边境。其中切萨皮克湾是著名的蓝蟹产地。

小知识

切萨皮克湾是一个入海口，即河流与大海的交汇处。

知识拓展

约有150条河流在切萨皮克湾处汇入大海。

你知道吗？

蓝蟹喜欢生活在咸淡水交汇处的浅滩里。

释义

咸淡水指的是海水与淡水混合的水。

龙虾的结构

龙虾的头部和胸部是一个整体，统称为头胸部。龙虾和蜘蛛以及蝎子一样，都长着 8 条腿。

龙虾在陆地上行走较为困难，两侧的螯爪加重了它们行进的负担。

螃蟹的结构

螃蟹的整个身躯是一个整体，身披坚硬的甲壳。

关于奔跑
蓝蟹是横着行走和跑动的。

关于行走
寄居蟹是为数不多的直着行走的螃蟹之一。

关于游泳
蓝蟹的最后一对胸足形状像鳞片一样。

蓝蟹是游泳高手，同时也是跑步健将，它们在陆地上的速度很快。

如何分

雄性龙虾的螯比雌性龙虾的大且宽。腹部和尾部下面生有多对游泳足。

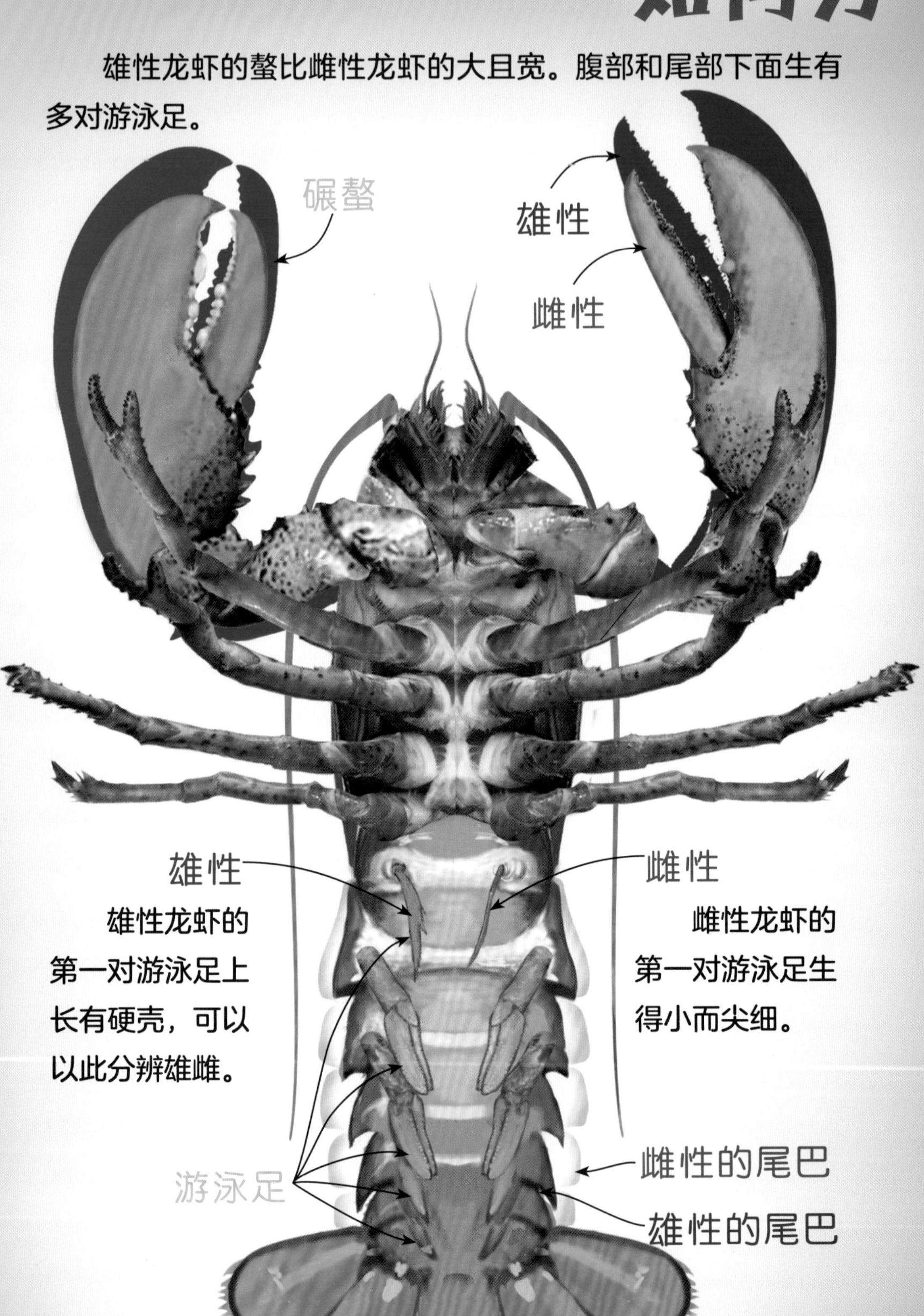

雄性龙虾的第一对游泳足上长有硬壳，可以以此分辨雄雌。

雌性龙虾的第一对游泳足生得小而尖细。

雌性龙虾的尾巴比雄性龙虾宽大。

辨雌雄？

螃蟹的腹部生有脐盖，脐盖也叫“蟹脐”。雌蟹的脐盖形状如同美国国会大厦的圆顶。雌性蓝蟹的螯尖部是红色的，就像涂了指甲油。

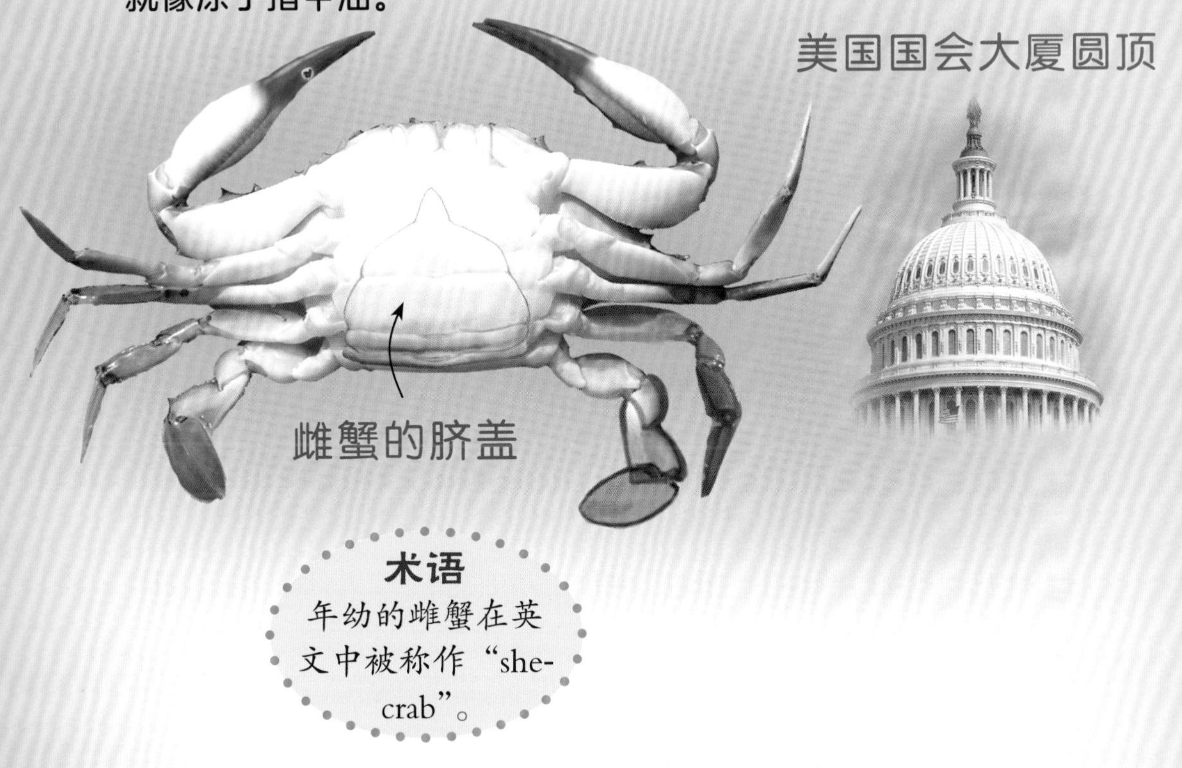

术语
年幼的雌蟹在英文中被称作“she-crab”。

雄性蓝蟹的脐盖较窄，形状像华盛顿纪念碑。

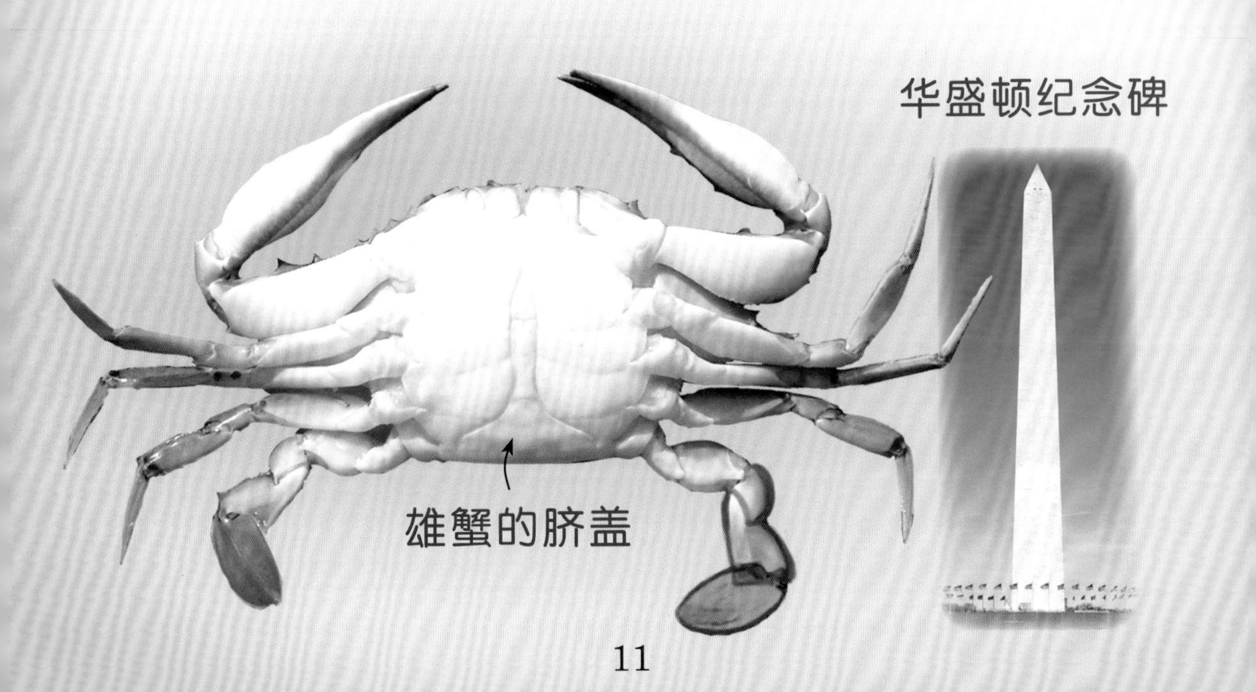

龙虾的前螯

龙虾的两只前螯是不一样的，其中碾螯较钝而剪螯较锋利。

龙虾的碾螯钝而粗壮宽大，剪螯则窄而锋利。

你知道吗?

一些小孩儿把碾螯和剪螯叫作机器爪和开膛爪，另一些小孩儿把它们叫作重击爪和断木爪。

剪螯

剪螯和碾螯没有固定的位置，都可能长在左边或者右边。

螃蟹的前螯

螃蟹的前螯也称作“蟹钳子”。

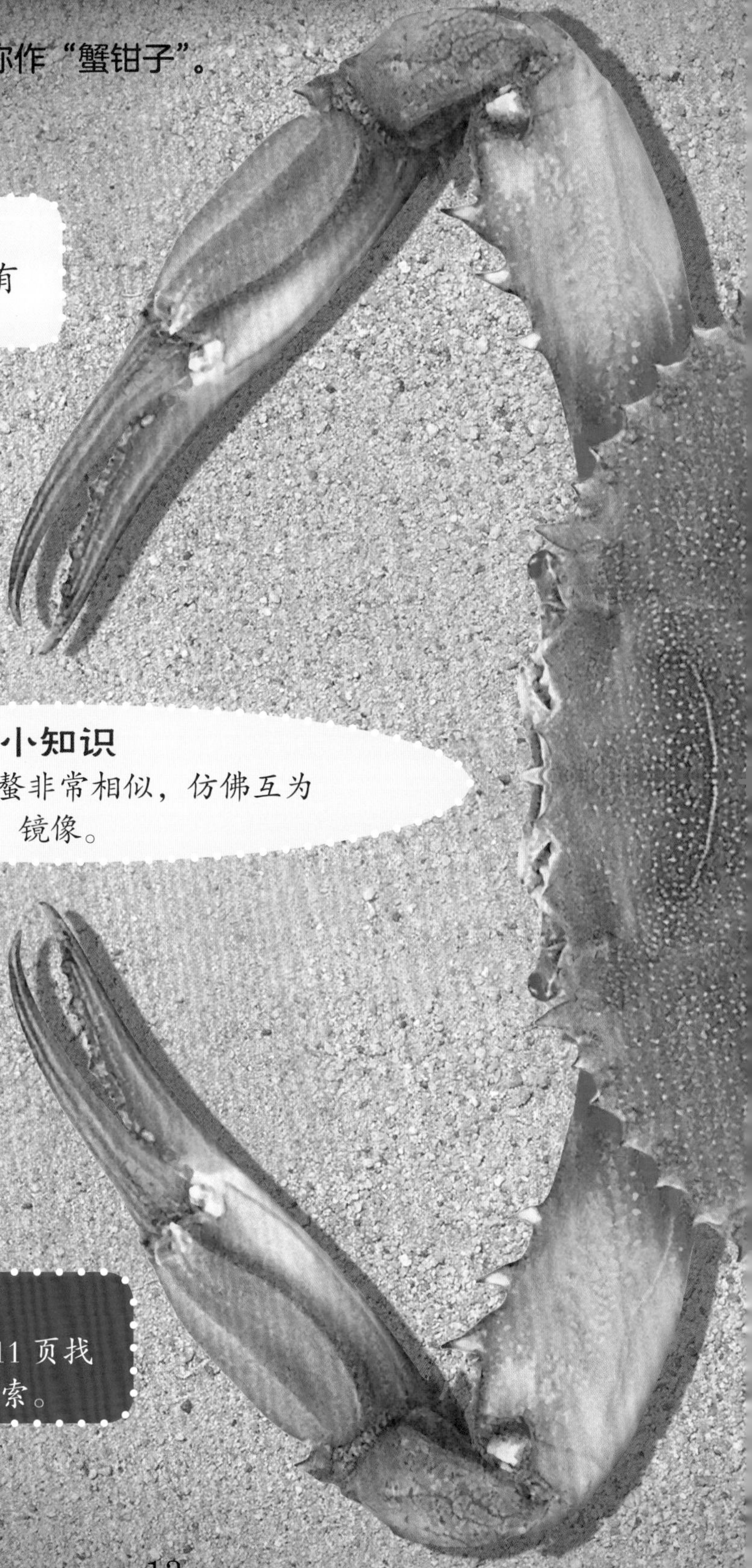

关于前螯

蓝蟹的两只前螯没有什么区别。

小知识

蓝蟹的两只前螯非常相似，仿佛互为镜像。

问题

这只蓝蟹是雄性还是雌性？

答案

你可以从第 11 页找到重要线索。

如何捕捉龙虾

人们通常靠设陷阱来捕捉龙虾，陷阱里会放上鱼头、鱼内脏、鱼骨等饵料。

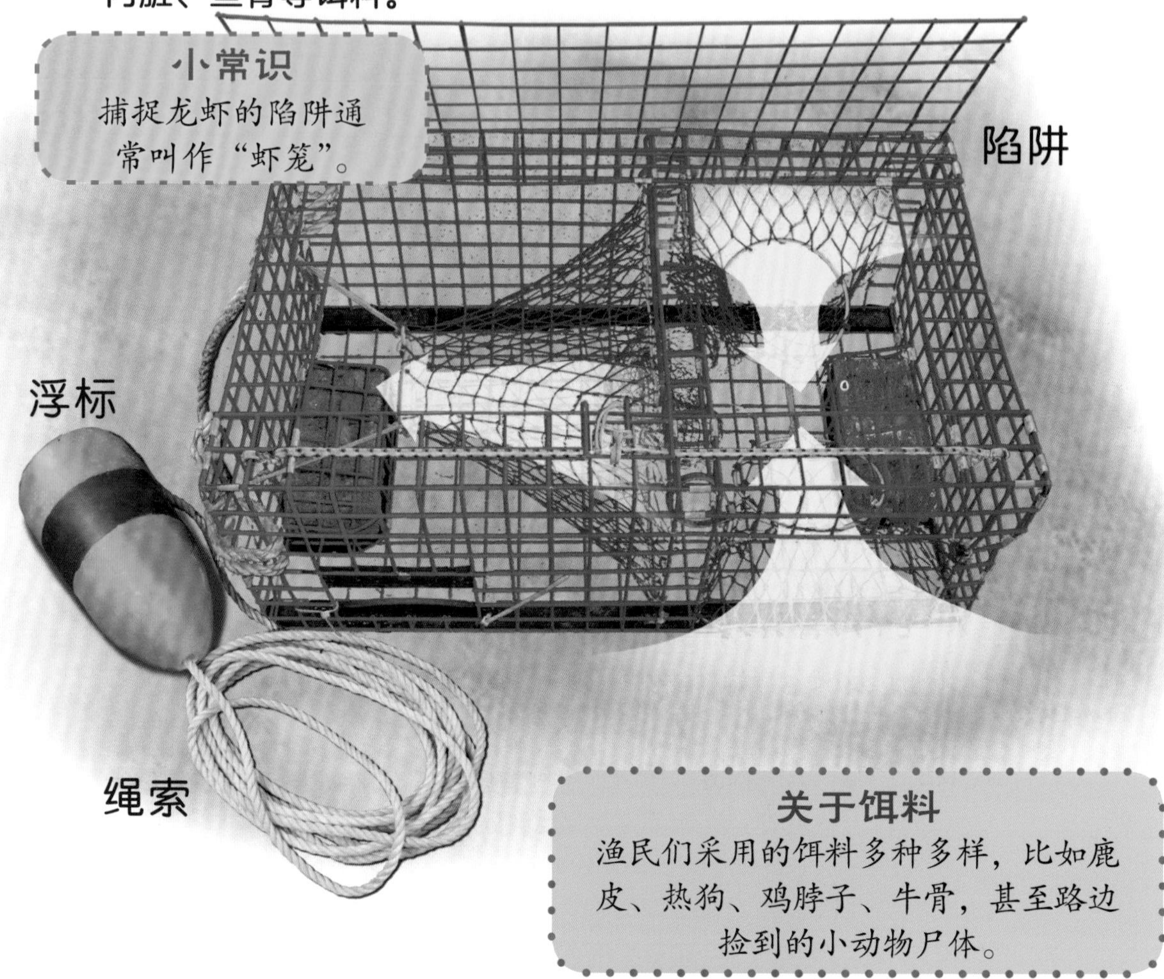

小常识

捕捉龙虾的陷阱通常叫作“虾笼”。

关于饵料

渔民们采用的饵料多种多样，比如鹿皮、热狗、鸡脖子、牛骨，甚至路边捡到的小动物尸体。

浮标的颜色

浮标能浮在水面上，渔民们可以通过浮标的颜色辨认出自己的虾笼。

问题

如果你是个捕龙虾的渔民，你会选择什么颜色的浮标呢？

如何捕捉螃蟹

捕捉蓝蟹的工具很多，主要有蟹笼、网兜、线式陷阱等。

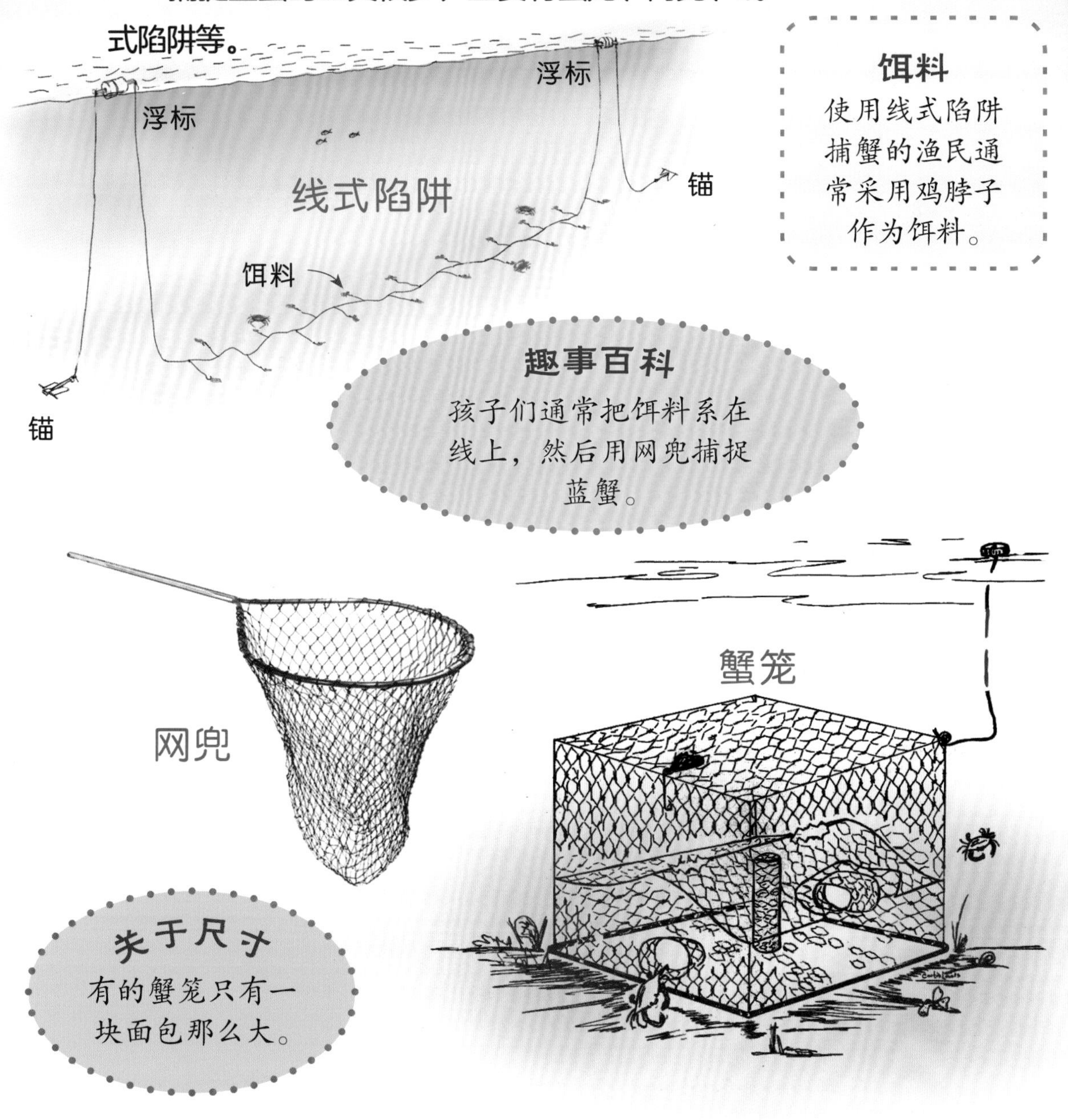

饵料

使用线式陷阱捕蟹的渔民通常采用鸡脖子作为饵料。

趣事百科

孩子们通常把饵料系在线上，然后用网兜捕捉蓝蟹。

关于尺寸

有的蟹笼只有一块面包那么大。

螃蟹喜欢新鲜的饵料。鸡肉、鱼肉、牛肉以及其他一些肉类效果都不错。

外骨骼的

龙虾的身体外部包裹着一层坚硬的甲壳，如同铠甲一般。随着体形的增长，龙虾会从旧壳中脱出，再长出新壳，这个过程叫作“蜕壳”。

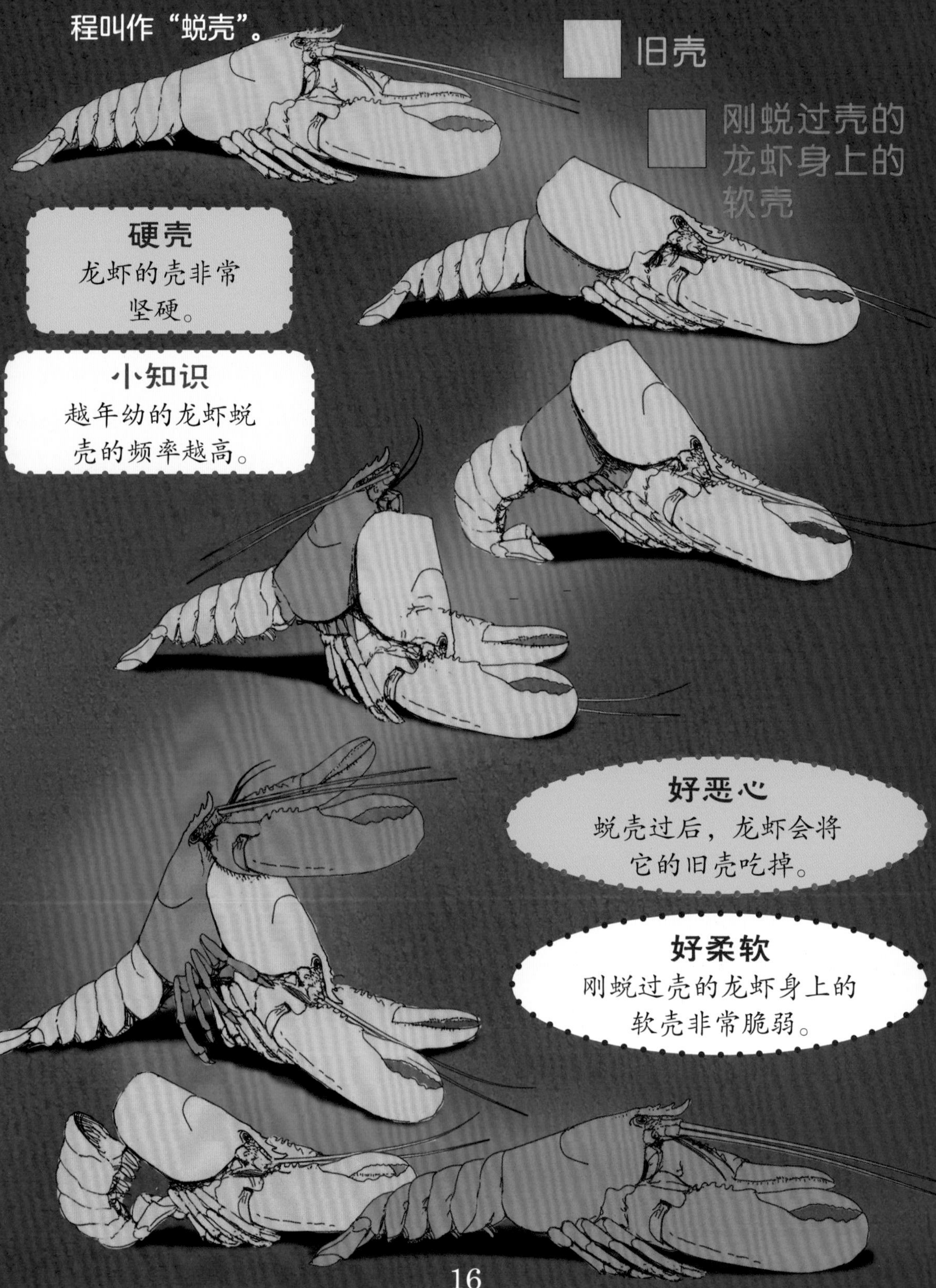

蜕壳过程

螃蟹也身披坚硬的甲壳，生长时同样需要经过蜕壳的过程。

你知道吗？
准备蜕壳的螃蟹被称作“蜕壳蟹”。

释义
“硬壳蟹”是指没有蜕壳时，壳很坚硬的螃蟹。

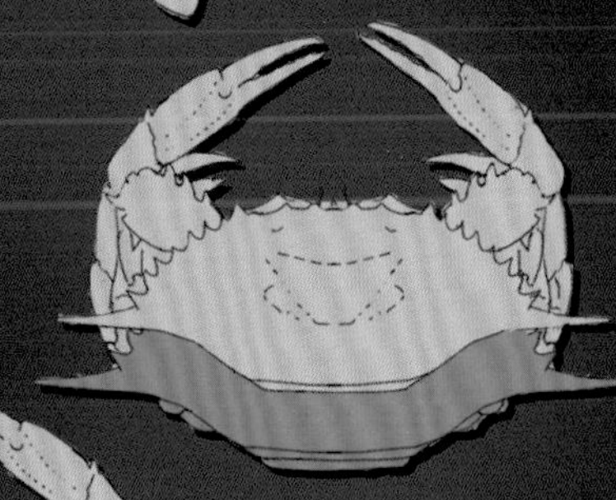

好柔软
“软壳蟹”是指刚刚蜕过壳的螃蟹。

小知识
甲壳动物在刚蜕壳时是非常脆弱的，面对捕食者毫无防御能力。

抱卵虾

身上携带卵的雌性龙虾被称作“抱卵虾”。龙虾的卵是深绿色的，雌龙虾将卵携带在身边，藏在游泳足下面。

你知道吗？
据估计，在 50000 枚卵中，只有两枚能长到跟它们的妈妈一样大。

一只雌龙虾能产下 3000 至 75000 枚卵，在临近孵化时卵会变成橘色。

小常识
孵化后第二天，有大约一半的幼年龙虾会被鱼和其他捕食者吃掉。

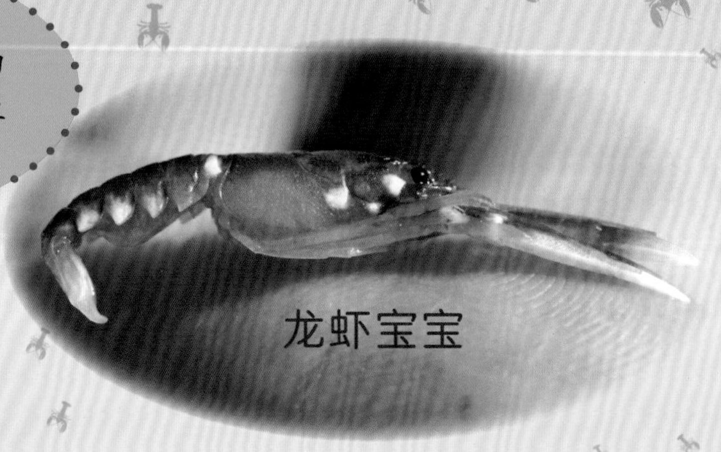

龙虾宝宝

抱卵蟹

“抱卵蟹”指的是携带卵的雌蟹。下图是一只在脐盖下面装满了卵的雌性蓝蟹。

科学家们认为，一只大个头儿的雌性蓝蟹可以携带 200 万枚卵。

蓝蟹宝宝

龙虾的眼睛

龙虾的视力并不好，它们依靠触须感受水流的波动。但它们的嗅觉十分灵敏。

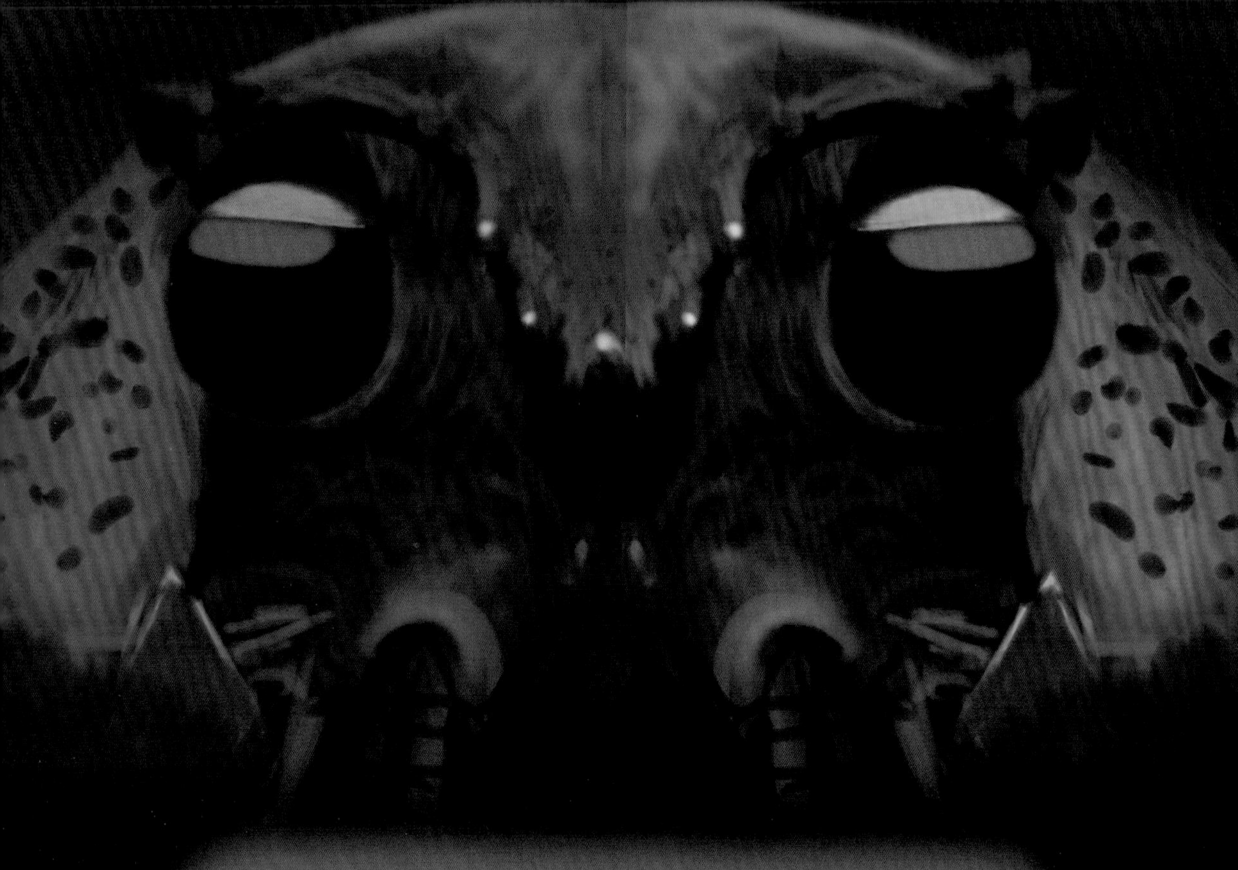

龙虾相关英文词汇

Keeper
个头儿生长到可以进行捕捞的龙虾。

V-Notch Tail
身上被渔业部做过标记的雌性龙虾，不可以捕捞。

Chicken Lobster
可供捕捞的龙虾中体重低于450克的龙虾。

Cull
只有一只前螯的龙虾。

螃蟹的眼睛

螃蟹的视力也不好，它们也具备灵敏的嗅觉和能够感知外界变化的触须。

螃蟹相关英文词汇

Sook
成熟的雌性蓝蟹

Jimmy
雄性蓝蟹

龙虾的武装

龙虾全身披着多棘的铠甲，仿佛随时准备战斗。

小知识

龙虾尖利的尾部可以划破人的手。

关于自卫

龙虾在面对鱼类和其他捕食者时会用前螯作为武器自卫。

测量

问题

如何测量一只龙虾的体长？

答案

用专用的龙虾尺。

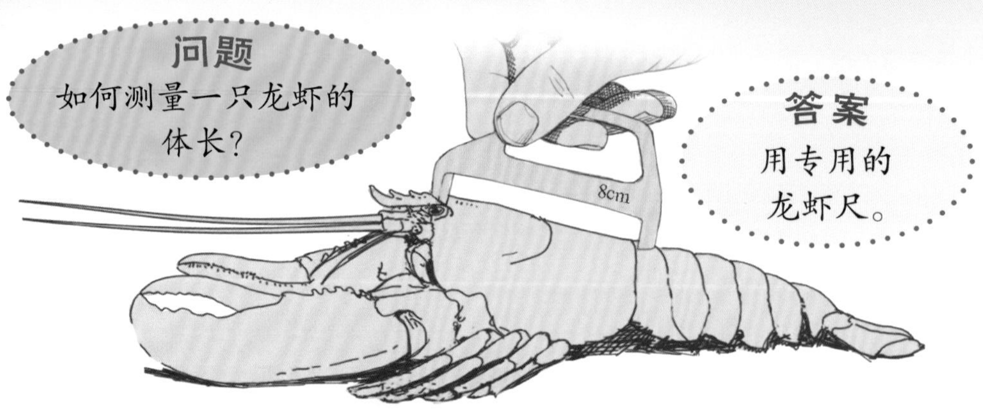

龙虾的头长指从眼睛到头底部的长度。在美国的大部分州，头长超过 8 厘米的龙虾才可以捕捞。

螃蟹的武装

螃蟹全身长着尖尖的刺。看看蓝蟹的样子，掠食者们很难一口吞下它。

测　量

螃蟹的体长指蟹壳两侧尖角之间的长度。在美国的大部分州，长度超过 5 英寸（12.7 厘米）的螃蟹才可以捕捞。

饿了吗？

有人说：“很多食物都像鸡一样好吃，但是像龙虾那样的美味世间难寻。”

大战之前先吃饱

也有人说蓝蟹是世界上最美味的佳肴。

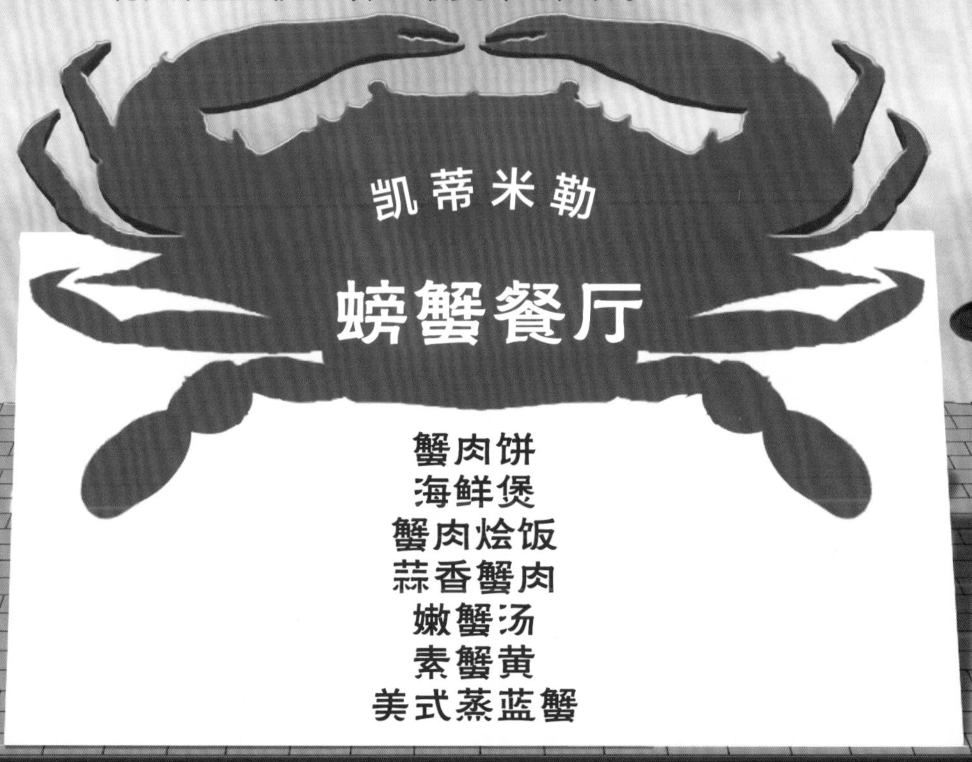

龙虾想要自己静静地待着，于是爬进了一道石缝中。螃蟹也想自己静静地待着，便把自己埋进了泥沙里。

正巧双方都觉得饿了，螃蟹出来四处觅食，偶然间碰到了龙虾，试图对它发起进攻。

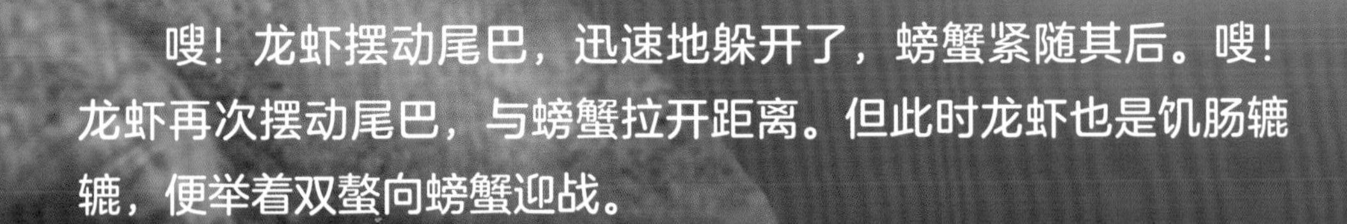

嗖！龙虾摆动尾巴，迅速地躲开了，螃蟹紧随其后。嗖！龙虾再次摆动尾巴，与螃蟹拉开距离。但此时龙虾也是饥肠辘辘，便举着双螯向螃蟹迎战。

螃蟹摆动着像船桨一样的胸足，径直朝龙虾游过去。龙虾很有耐心，等到螃蟹靠近才发起攻击。

龙虾尖锐的剪螯钳住了螃蟹的一只前螯，强壮的碾螯紧随其后，咔嚓！龙虾碾伤了螃蟹的前螯。

龙虾捉住了螃蟹的腿使它无法逃走。螃蟹别无他法，只能与龙虾决一死战。然而，螃蟹的前螯根本无法伤及龙虾分毫。

龙虾用碾螯钳住螃蟹的头部，在蟹壳上凿开一个洞。

海水从破洞处涌入，这对螃蟹是致命一击。渐渐地，螃蟹停止了挣扎。

龙虾赞同人类的观点：螃蟹很美味。

实力大比拼

参数对比

这不过是其中一种可能的战斗结果。亲爱的小读者，如果是你，你会如何书写结局呢？

SCHOLASTIC

WHO WOULD WIN

猜猜谁会赢

狮子对战老虎

[美] 杰瑞·帕洛塔 / 著 [美] 罗布·博斯特 / 绘 纪园园 / 译

中信出版集团 · 北京

图书在版编目（CIP）数据

狮子对战老虎 /（美）杰瑞 · 帕洛塔著 ;（美）罗布 · 博斯特绘 ; 纪园园译 . -- 北京 : 中信出版社 , 2018.1（2024.12 重印）
（猜猜谁会赢）
书名原文 : Who Would Win? Lion vs. Tiger
ISBN 978-7-5086-7906-8

I. ① 狮… Ⅱ . ①杰… ②罗… ③纪… Ⅲ . ①狮 – 少儿读物 ②虎 – 少儿读物 Ⅳ . ① Q959.838-49

中国版本图书馆 CIP 数据核字（2017）第 173661 号

狮子对战老虎
（猜猜谁会赢）

著　　者：[美] 杰瑞 · 帕洛塔
绘　　者：[美] 罗布 · 博斯特
译　　者：纪园园
出版发行：中信出版集团股份有限公司
（北京市朝阳区东三环北路 27 号嘉铭中心　邮编　100020）
承 印 者：北京尚唐印刷包装有限公司

开　　本：787mm × 1092mm　1/16　　印　　张：26　　字　　数：228.8 千字
版　　次：2018 年 1 月第 1 版　　印　　次：2024 年 12 月第 20 次印刷
京权图字：01-2017-6372　　本书插图系原文插图
审 图 号：GS 京（2024）1161 号
书　　号：ISBN 978-7-5086-7906-8
定　　价：169.00 元（全 13 册）

图书策划：红披风
策划编辑：谢媛媛　　责任编辑：谢媛媛　黄盼盼　　营销编辑：单云龙　谢　沐
装帧设计：谭　潇　颂煜图文　　责任印制：刘新蓉

如果狮子和老虎狭路相逢，会有什么大戏上演？

如果这两只猫科动物都饥饿难耐，如果它们之间注定要有一场血战，你觉得谁会胜出？

狮子的拉丁学名：*Panthera leo*

让我们来认识一下狮子。狮子是哺乳动物，毛色多为纯色——棕褐色、褐色或深棕褐色，皮毛上无条纹或斑点。狮子面容冷峻，你只要见过它的脸，肯定就再也不会忘记。

老虎的拉丁学名：*Panthera tigris*

你知道吗？

虽然狮子和老虎的外貌并不相同，但它们的体质却非常相似——同为猫科动物，视力绝佳，听觉一流，而且拥有敏锐的嗅觉。

让我们来认识一下老虎。老虎也是哺乳动物。它们的毛色为橙色或铁锈色，拥有黑色的条纹。在柔软的皮毛下，肌肉结实而有力。

狮子和老虎这两类猫科动物几乎生活在不同的大陆上。基本上所有的狮子都生活在非洲，只有小部分分布在亚洲，确切地说是在印度的吉尔国家森林公园中。

你知道吗？

白色的老虎是基因突变的结果。它们很受动物园的欢迎，因为白虎比普通颜色的老虎能吸引更多游客。

老虎在亚洲多地都有分布。体形最大的老虎当属西伯利亚虎，又称东北虎。

狮子更喜欢生活在郁郁葱葱、视野开阔的草原上。

知识拓展

草木繁茂的草原是狮子们生活的天堂，它们主要以草原上生活的动物为食。

而老虎则更喜欢生活在树木茂密的森林和热带雨林中。

狮子拥有大且强健的双颚，生有尖锐的牙齿，能轻易撕裂和切断猎物。而长长的犬齿则能够让它们在抓住猎物后紧紧衔住猎物。

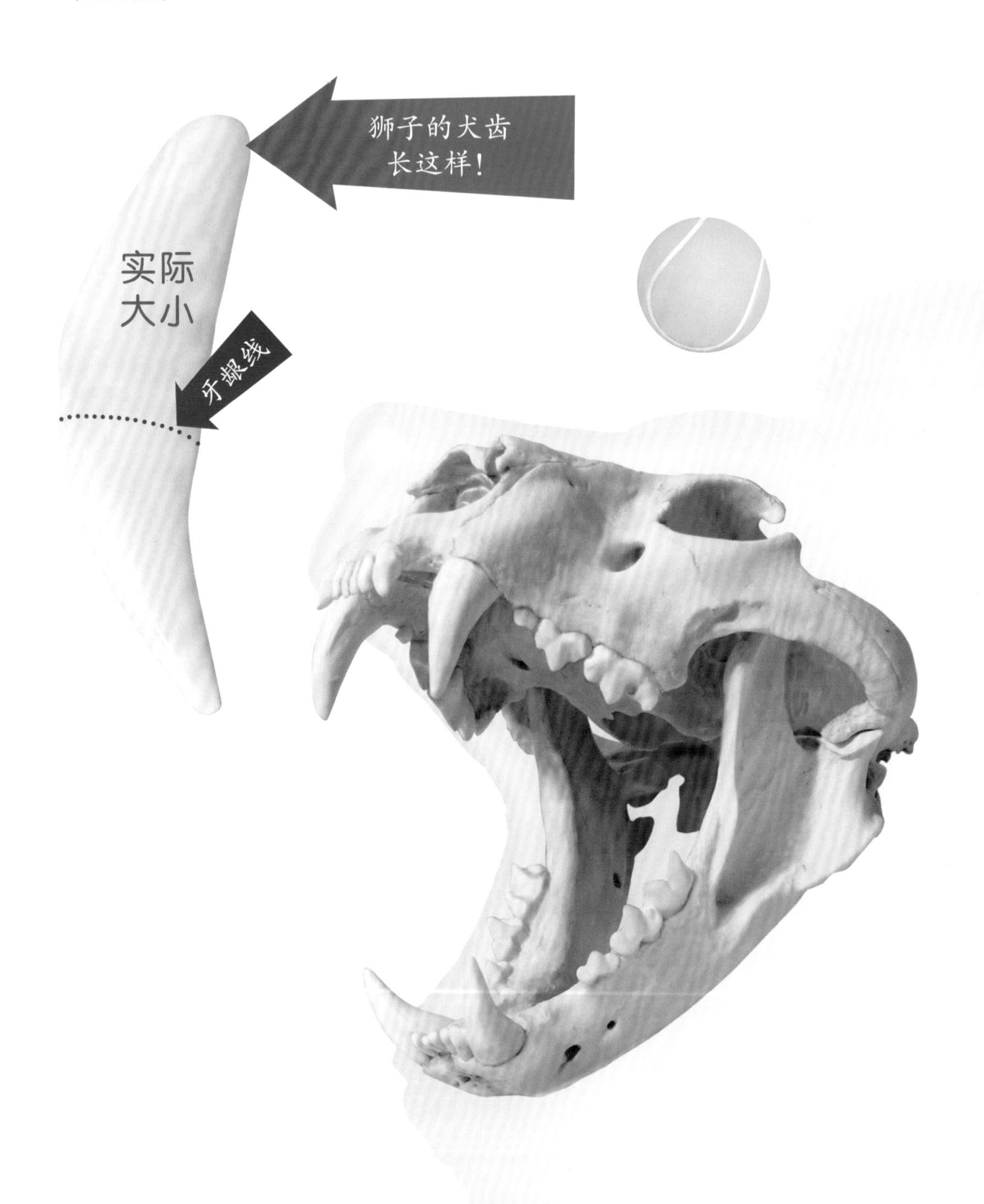

狮子头颅虽然很大，但大脑却很小，大概跟网球一般大小。所以，凶猛的狮子可能并不聪明。

老虎的头颅也很巨大，但是大脑只有棒球大小。一般认为，动物大脑的大小与其聪明程度有关。所以，老虎可能并不聪明。但是，动物管理员们发现，老虎其实非常聪明。

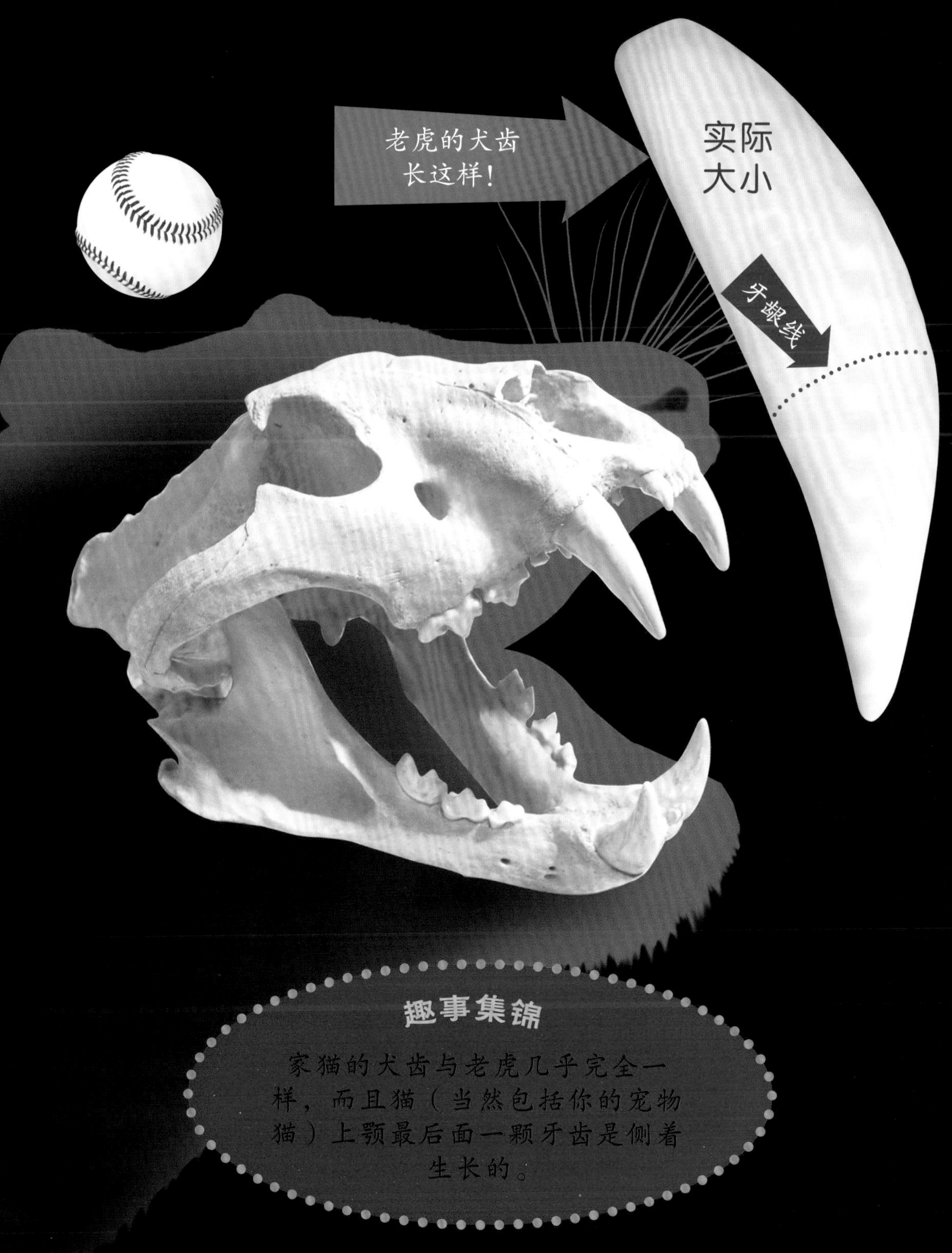

趣事集锦

家猫的犬齿与老虎几乎完全一样，而且猫（当然包括你的宠物猫）上颚最后面一颗牙齿是侧着生长的。

狮子吃什么

狮子是食肉动物——它们以肉为食。不过，狮子可不会光顾超市或饭店，而是作为掠食者，狩猎、捕获其他动物，最终吃掉它们。

老虎吃什么

你知道吗？

杂食性动物
什么都吃

食草动物
吃植物

食肉动物
吃肉类

食虫动物
吃昆虫

老虎也是食肉动物，它们会悄悄地潜伏在猎物周围，迅速杀死并吃掉猎物。老虎的聪明和创造力在它们狩猎时表现得淋漓尽致。

大多数情况下，捕猎的工作会交给母狮子去做。它们结队捕猎。而体形更大的雄性狮子则会留下来保护小狮子免遭其他动物的袭击。

你知道吗？

不要以为雄狮子的生活闲适舒服。它们经常需要“战斗”——接受其他狮子对自己领袖身份的挑战。

12

老虎一般会在夜间狩猎，而且雌性和雄性会各自分开寻找猎物。相比狮子，老虎可狡猾多了。

趣事百科

尾随老虎狩猎的掠食者们有时会发现，自己才是被捕食的对象。

雄性狮子的脖颈周围环绕着一圈蓬松的鬃毛，而雌狮子脖颈周围则没有鬃毛。

雌狮的平均体形大概是雄狮的三分之二。

如果狮子和老虎战斗，你觉得谁会赢呢？是狮子，还是老虎？

雄虎和雌虎从外形看并没有多大区别，不过雄虎体形更大一些。而且，雄虎的胡须更长。

体形百科

雄虎的平均
体重和身长

体重：295千克

身长：3米

雌虎的平均体形大概是雄虎的三分之二。

瞧瞧这些数据！你觉得谁更占优势呢？谁会赢呢？

狮子有大大的爪（zhuǎ）子，爪子上长有尖锐的爪（zhǎo），也就是趾甲。走路时，爪并不会接触地面。但一头被激怒的狮子会伸出自己锋利的爪。

趣事百科

狮子脚趾周围的毛发很长。平时，狮子的爪就隐藏在这些长长的毛发中间。

狮子的左前爪（zhuǎ）

老虎的爪子也非常大。老虎既能纵身跃到 4.5 米的高度，也能踮着脚尖像芭蕾舞者一样悄悄地走路。狮子和老虎的爪印被称作“兽足印”。

你知道吗？

狮子和老虎的后爪（zhuǎ）只有 4 根脚趾。

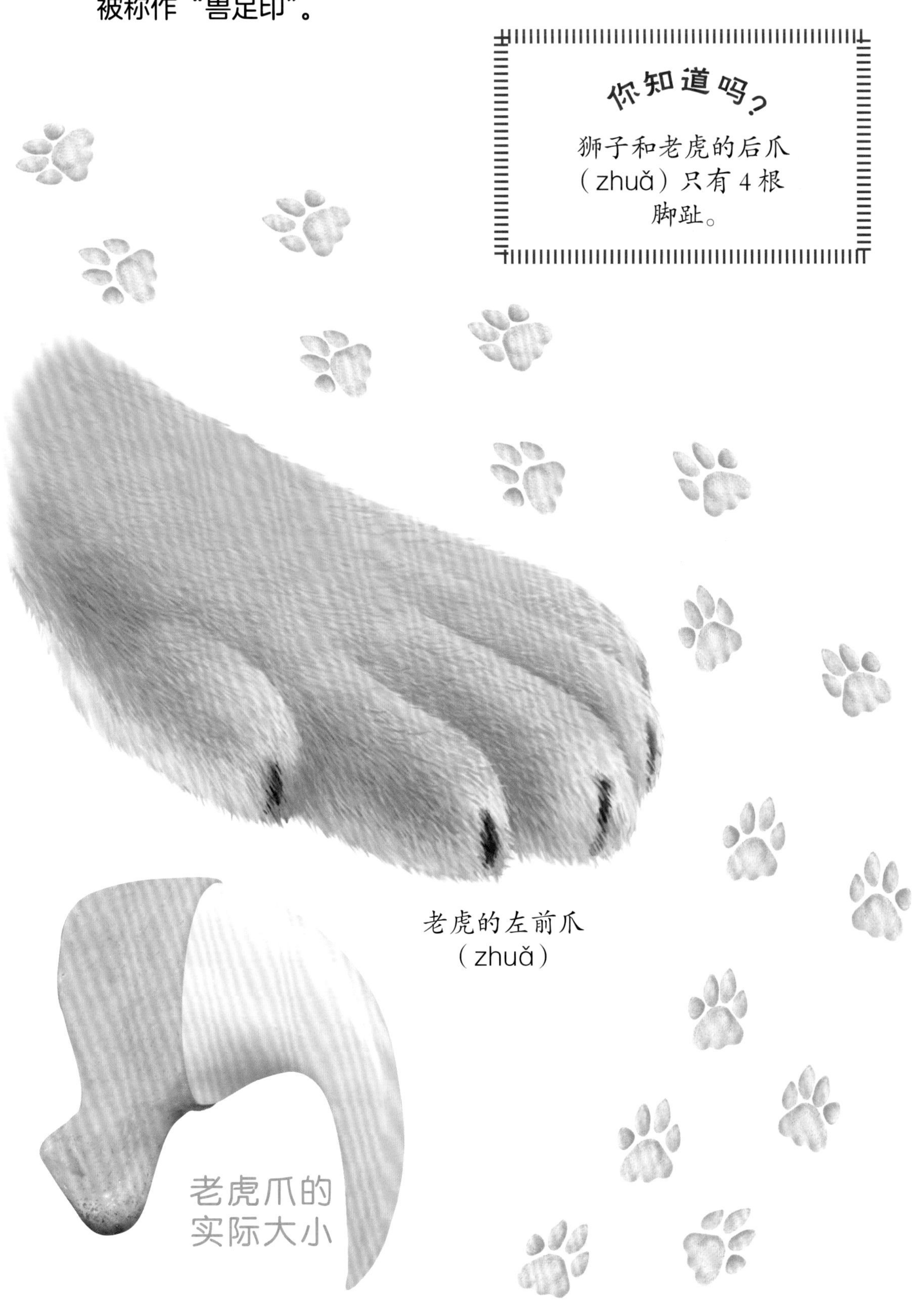

老虎的左前爪（zhuǎ）

狮子以家族群居的形式生活在一起。一个典型的狮群成员包括 3 头雄狮、15 头母狮和多头小狮子。狮子的这种聚居形式非常特别——这在野生猫科动物中是绝无仅有的。

你知道吗？

一头大型雄狮一般领导自己的狮群两年时间。其间，雄狮经常会受到其他大型雄狮的挑战。而这种挑战一般会以其中一方死亡为终结。

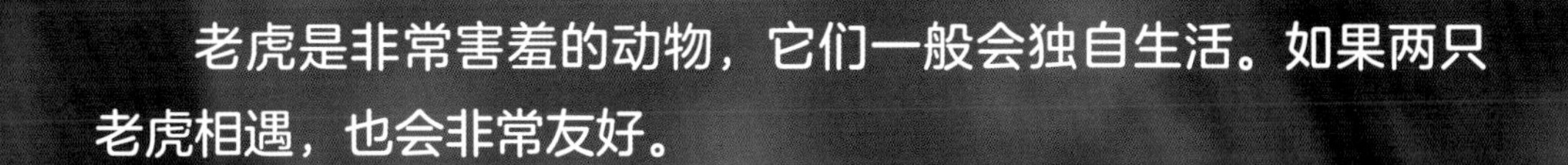

老虎是非常害羞的动物，它们一般会独自生活。如果两只老虎相遇，也会非常友好。

知识拓展

老虎在分享美食时，可能会聚在一起。

小狮子被称作幼狮。幼狮的皮毛并不完全是纯棕色的，而是带有斑点。这些斑点能帮助幼狮更好地伪装自己。不过，随着幼狮慢慢长大，它们身上的斑点会逐渐消失。

释　义

“伪装”是指能够躲起来或者融入周围的环境中。

你知道吗？

捕猎后，雄狮会首先大快朵颐，接着是雌狮享受美食，最后留下的才是幼狮的食物。

虎崽儿的长相跟虎爸虎妈非常相像，而且可爱极了！

不，你不能拿虎崽儿当宠物。如果它们长大了，可能会吃掉你哟！

你知道吗？

狮子和老虎冲刺的速度可以达到每小时 80 千米，不过平均速度为每小时 56 千米。

狮子生有长长的尾巴，尾巴梢儿上还有一撮儿黑色的毛发。

老虎的尾巴也是长长的，上面布满一条条花纹。

知识拓展

老虎的尾巴能帮助它在打架或爬树时保持平衡。

知识拓展

狮子、老虎和豹子是仅有的会吼叫的猫科动物。

虽然这种情况几乎不可能发生，但是不妨让我们来设想一下：

狮子的前方突然闪现出一只西伯利亚虎，于是，狮子大吼一声——它们的叫声十分浑厚！这叫声可以传到8千米外，让所有动物都为之胆寒。

老虎也看到了狮子，于是也对着狮子吼叫起来。老虎的叫声没有狮子那么大，但也足以让附近的动物警觉了。

趣事百科

老虎吼叫时会发出咕噜咕噜的喉音，听起来像呼气时发出的“哦嗯——”。

老虎等待着狮子首先发动攻击。它们露出各自的獠牙和利爪，扭打在一起，两只猫科动物都用后腿站立起来。

老虎想从狮子的脖颈处下口，于是狠狠地咬上一口，不料却一无所获。每当老虎咬到狮子的脖颈时，就像咬在一个巨大的毛球上。狮子的鬃毛可算是起到了绝佳的防御作用。

双方的缠斗越发激烈。两只猫科动物用牙齿撕咬，用利爪抓着对方，先是迅捷的狮子占了上风，接着敏捷的老虎又取得优势。双方你来我往，各有胜负，充分展现了自己作为一名优秀战士的风采。

突然间，老虎占据了上风，它再次咬到了狮子的脖颈。但是，这次又像是咬在一块垫子上。虽然老虎是更优秀的战士，但在屡次咬到“毛球”后疲惫不堪。最终，狮子咬住了老虎的脖颈。

狮子的撕咬给了老虎致命的一击，老虎败下阵来。

而凯旋的狮子则一瘸一拐地走向远方，带着满身的创伤。

今天的决斗狮子获得了胜利。因为大自然赠予了它一份完美的礼物——毛茸茸而厚重的鬃毛。

下一次，老虎能打败狮子吗？

实力大比拼

参数对比

狮子		老虎
□	毛发	□
□	牙齿	□
□	智力	□
□	体形	□
□	捕猎能力	□
□	爪（zhǎo）	□
□	听力	□
□	族群	□
□	速度	□

这不过是其中一种可能的战斗结果。亲爱的小读者，如果是你，你会如何书写结局呢？

SCHOLASTIC

WHO WOULD WIN

猜猜谁会赢

犀牛对战河马

RHINO

HIPPO

[美]杰瑞·帕洛塔/著　[美]罗布·博斯特/绘　纪园园/译

中信出版集团·北京

图书在版编目（CIP）数据

犀牛对战河马 /（美）杰瑞·帕洛塔著；（美）罗布·博斯特绘；纪园园译. -- 北京：中信出版社，2018.1（2024.12 重印）
（猜猜谁会赢）
书名原文：Who Would Win? Rhino vs. Hippo
ISBN 978-7-5086-7906-8

Ⅰ. ①犀… Ⅱ. ①杰… ②罗… ③纪… Ⅲ. ①犀科－少儿读物 ②偶蹄目－少儿读物 Ⅳ. ① Q959.843-49 ② Q959.842-49

中国版本图书馆 CIP 数据核字（2017）第 173630 号

犀牛对战河马
（猜猜谁会赢）

著　　者：[美] 杰瑞·帕洛塔
绘　　者：[美] 罗布·博斯特
译　　者：纪园园
出版发行：中信出版集团股份有限公司
（北京市朝阳区东三环北路 27 号嘉铭中心　邮编　100020）
承 印 者：北京尚唐印刷包装有限公司

开　　本：787mm × 1092mm　1/16　　印　　张：26　　字　　数：228.8 千字
版　　次：2018 年 1 月第 1 版　　印　　次：2024 年 12 月第 20 次印刷
京权图字：01-2017-6372　　本书插图系原文插图
审 图 号：GS 京（2024）1161 号
书　　号：ISBN 978-7-5086-7906-8
定　　价：169.00 元（全 13 册）

图书策划：红披风
策划编辑：谢媛媛　　责任编辑：谢媛媛　黄盼盼　　营销编辑：单云龙　谢　沐
装帧设计：谭　潇　颂煜图文　　责任印制：刘新蓉

服务热线：400-600-8099
投稿邮箱：author@citicpub.com

如果犀牛和河马狭路相逢，会有什么好戏上演？如果双方大战一场，你觉得谁会赢？

认识一下犀牛

英文中犀牛的简称为“rhino”，全称为“rhinoceros”，意思是“角鼻子”。犀牛确实有角。这是一头白犀牛。

趣事百科

白犀牛不会游泳！

你知道吗？

白犀牛是陆地上体形第二大的哺乳动物，只有大象的体形比它更大。

拉丁学名：*Ceratotherium simum*

认识一下河马

英文中河马的简称为“hippo”，全称为“hippopotamus”，意思是“河里的马”。

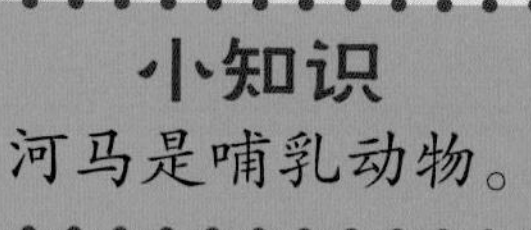

释义

哺乳动物指的是通过乳汁哺育幼体的动物，大多数全身被毛、恒温、胎生。

拉丁学名：*Hippopotamus amphibius*

犀牛的种类

五种不同种类的犀牛。

白犀牛

关于名称

白犀牛的名字可能来自荷兰语 weid，意思是“宽阔”，指的是这类犀牛嘴巴非常宽。因 weid 与 white 读音相近而误传为“白”犀牛。

关于颜色

其实白犀牛和黑犀牛体色都是灰色的，看上去非常相像。

印度犀牛

黑犀牛

关于牛角

印度犀牛和爪哇犀牛只有一只角。

爪哇犀牛

苏门答腊犀牛

河马的种类

河马有两种。

普通河马

关于身高

侏儒河马的身高只有普通河马的一半。

侏儒河马

你知道吗？

侏儒河马的体重只有普通河马的四分之一。

白犀牛的领地

白犀牛生活在非洲。

你知道吗？
犀牛在地球上已经生活5000万年了。

趣事百科
犀牛生活在草原或热带稀树草原上。

释义
稀树草原是以热带型草生草本植物为主，稀疏地生长着旱生乔木、灌木的植被群落。

河马的领地

河马也生活在非洲。

关于湿度

河马喜欢生活在湖边、河边或溪流边的沼泽地带。

你知道吗？

在水中休息能让河马保持身体凉爽。

犀牛的食性

白犀牛吃草。草，草，还是草。犀牛完全不吃肉，根本没兴趣吃河马。白犀牛嘴唇非常宽阔，能够毫不费力地将草拔出，然后用它黑乎乎的臼齿咀嚼。

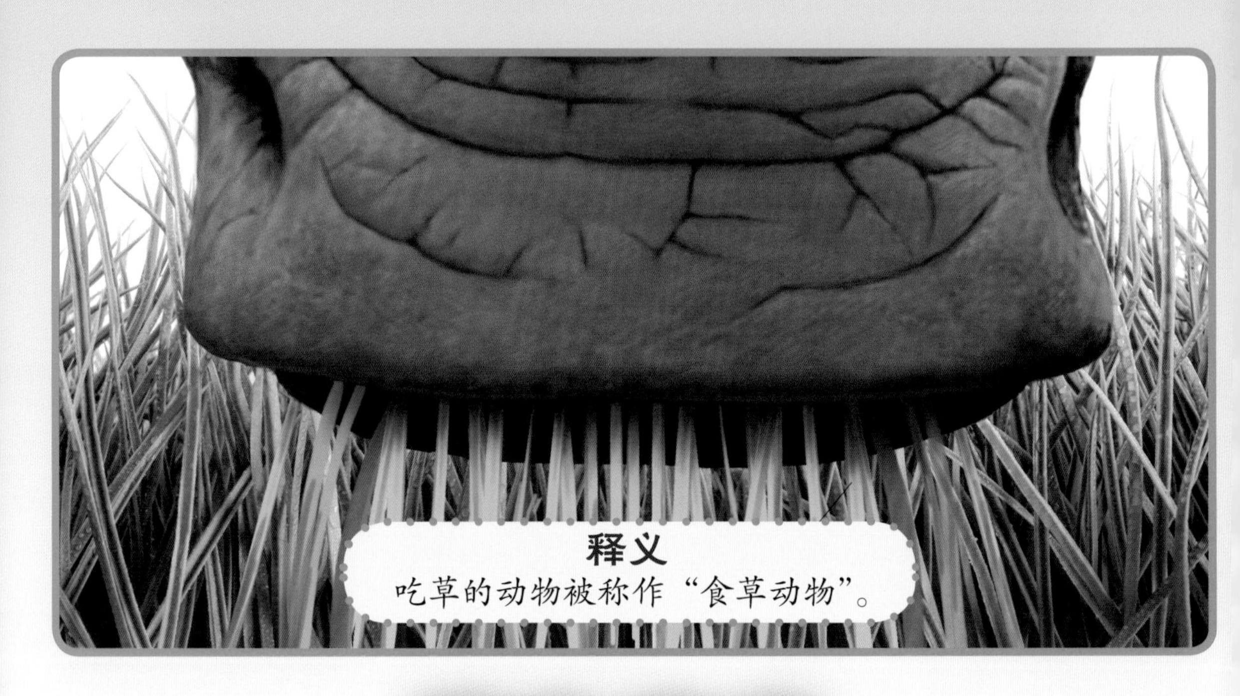

释义

吃草的动物被称作“食草动物”。

犀牛宝宝

这是一只犀牛宝宝。

关于肚子

犀牛的胃分为四个部分，它们要耗费大量时间消化吃下去的草。

趣事百科

一头刚刚出生的犀牛可重达40千克。

河马的食性

河马同样是吃草和一些树叶。它们更喜欢晚上进食，白天休息。

小知识

河马吃过草的地方被叫作“河马草地”。

河马宝宝

河马宝宝和犀牛宝宝相比，哪个更可爱一些？

你知道吗？

一只河马宝宝的体重在 27 ~ 45 千克之间。

犀牛的骨架

犀牛是脊椎动物，像人类一样，有一根脊柱。

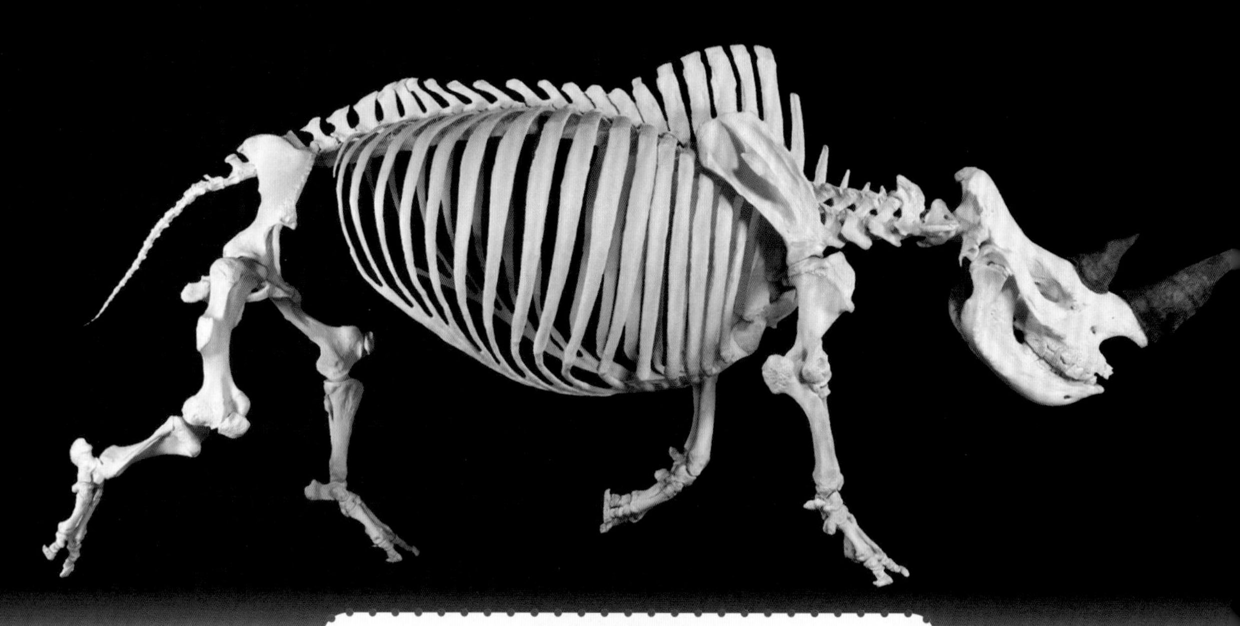

你知道吗?
犀牛的脑袋非常重。

小知识

有一种昆虫叫作犀金龟。

这类小昆虫因头角形似犀牛而得名。

河马的骨架

河马也是脊椎动物，它的脊椎从大脑一直延伸到尾巴。

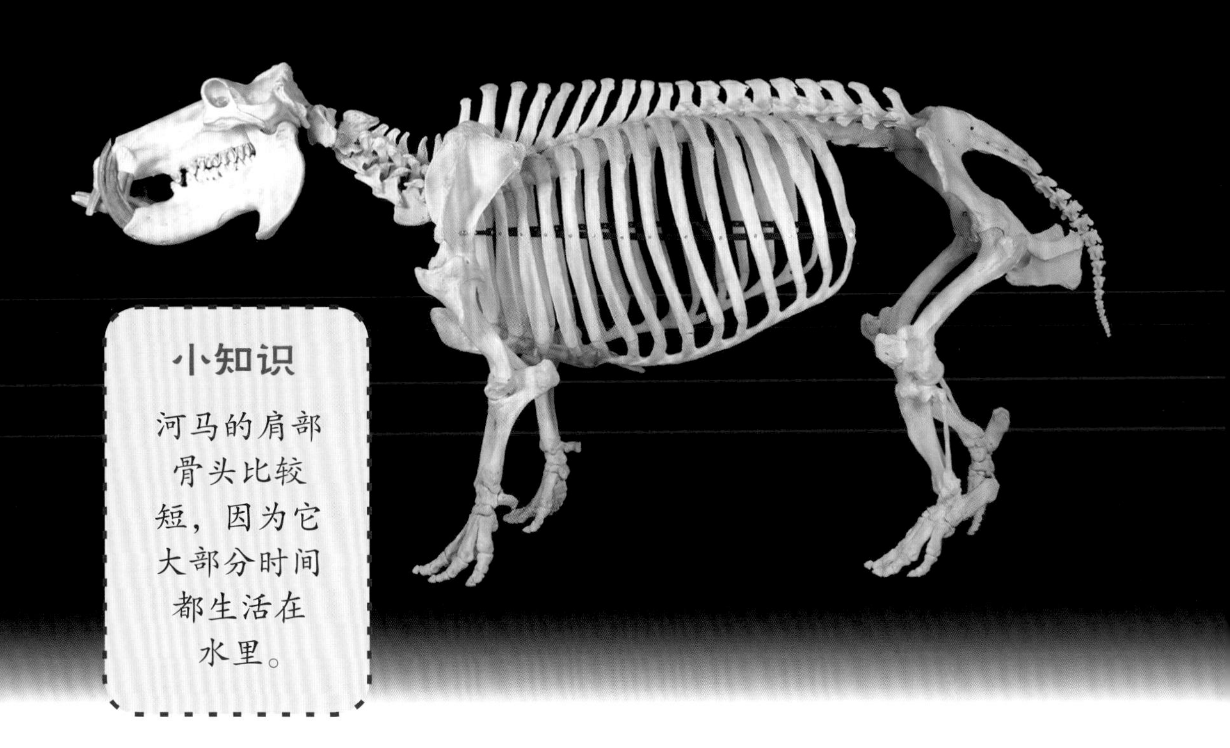

小知识

河马的肩部骨头比较短，因为它大部分时间都生活在水里。

这是一只河马甲虫。

小知识

河马甲虫的学名是*Royis wandelirius*。

你知道吗?

这两页中的昆虫有一只是假的，就连它的学名也是杜撰的，你知道是哪个吗?

免费搭便车

你想要搭乘犀牛的“便车”吗？牛椋鸟就是这么做的，它能够吃掉犀牛背上的壁虱、跳蚤、吸血苍蝇和一些昆虫幼虫。

太恶心了
牛椋鸟还吃耳屎。

趣事百科
牛椋鸟还被称作“食虱鸟”。

关于颜色
牛椋鸟非常易于辨认，因为它们的眼睛和嘴巴都是红色的。

牛椋鸟只生活在有大型哺乳动物的地方。它们喜欢搭乘牛、长颈鹿、斑马和水牛的便车。一些科学家认为，犀牛和牛椋鸟是相互受益的共生关系；另外一些科学家则认为，牛椋鸟是一种寄生鸟类。

免费清洁工

河马喜欢水，其中一个原因可能是水中有鲤鱼免费帮助它清理牙齿、皮肤和嘴唇。

释义

鲤鱼是一种淡水鱼类。

趣事集锦

还有一种鱼会跟着河马，吃它的排泄物。

小知识

河马能在水里憋气长达 5 分钟。

河马喜欢淡水，人类也喜欢，所以双方不可避免地会发生一些冲突。

犀牛的脚

犀牛的脚有 3 根脚趾。

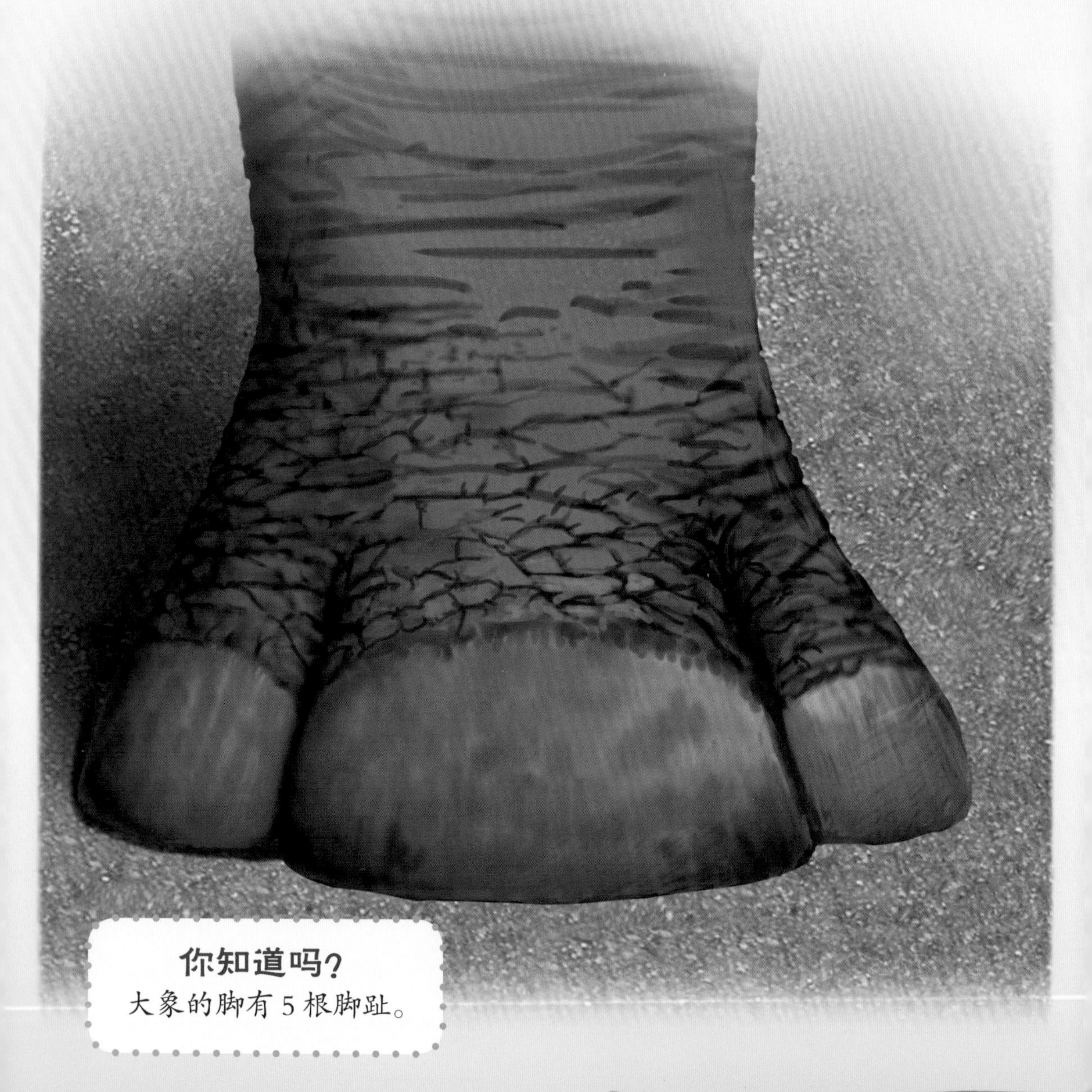

你知道吗？

大象的脚有 5 根脚趾。

陆地上最大的哺乳动物

大象

陆地上第二大哺乳动物

河马的脚

河马的脚有 4 根脚趾。

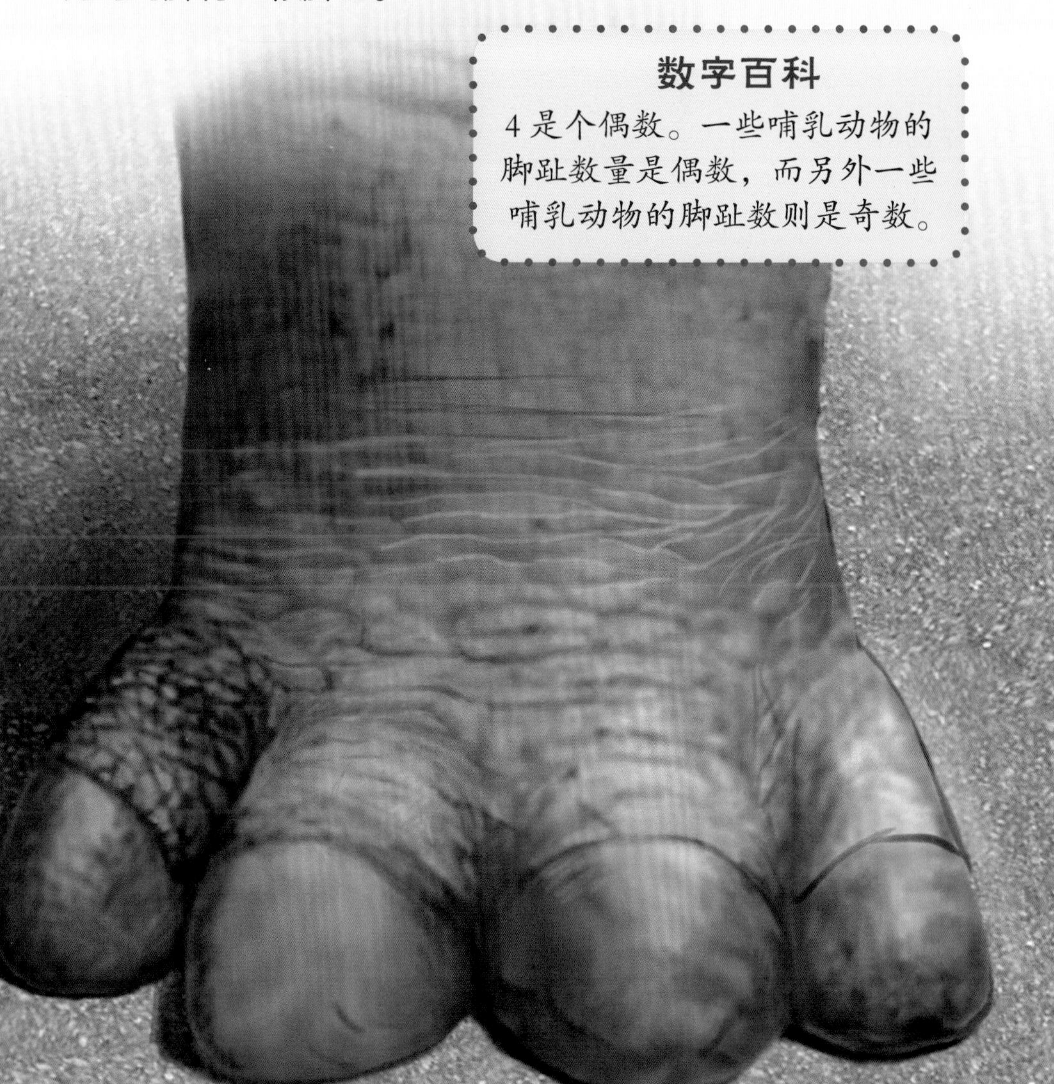

数字百科

4 是个偶数。一些哺乳动物的脚趾数量是偶数，而另外一些哺乳动物的脚趾数则是奇数。

百科

马只有 1 根脚趾。

陆地上第三大哺乳动物

河马

最大的哺乳动物：
蓝 鲸

人类

犀牛的武器

犀牛最强大的武器要数它巨大的体形了！犀牛重达 4 吨左右，站立时，肩高能达到约 1.8 米。

趣事百科

犀牛的角是由角质组成的。你的头发和指甲的组成成分也是角质。

4吨

你知道吗？

4 吨等于 4000 千克。

河马的武器

河马最强大的武器莫过于它巨大的牙齿和强健的颚。河马的上颚分布着 6 颗巨大的门牙，下颚生长着 4 颗门牙和 2 颗长长的尖牙。河马用它的后磨牙咀嚼食物。

河马巨大的体形也是强有力的武器！

犀牛的皮肤

犀牛是哺乳动物，但全身几乎没有体毛。

小知识

犀牛会在泥地里打滚，以保护皮肤免遭炽烈阳光的照射。

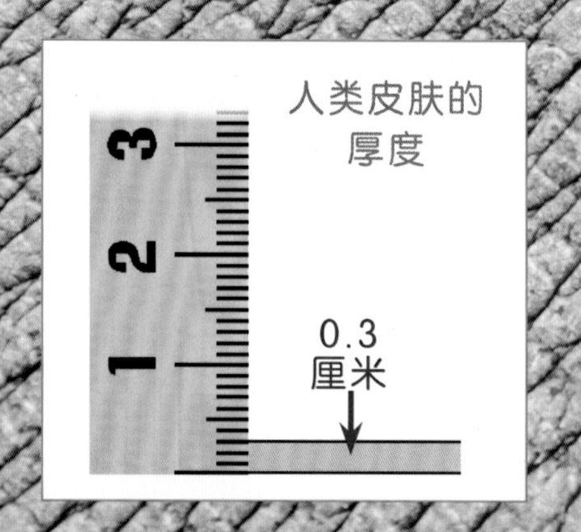

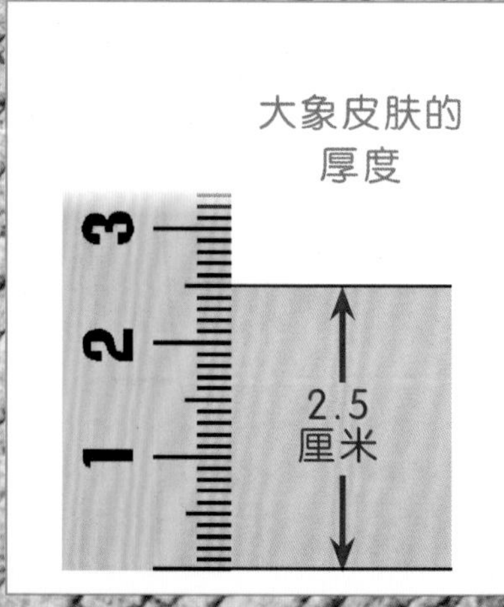

河马的皮肤

河马也几乎没有体毛。

趣事集锦

河马的皮肤看上去像盔甲一般，但其实非常敏感。

那不是血！

河马的皮肤会渗出一种红橙色的油，像是天然的爽肤水。

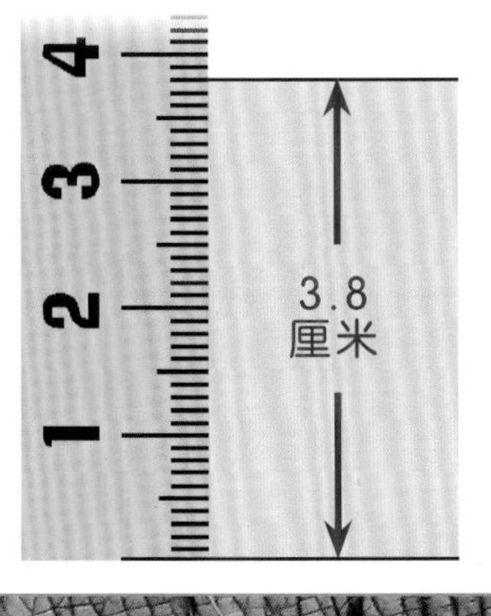

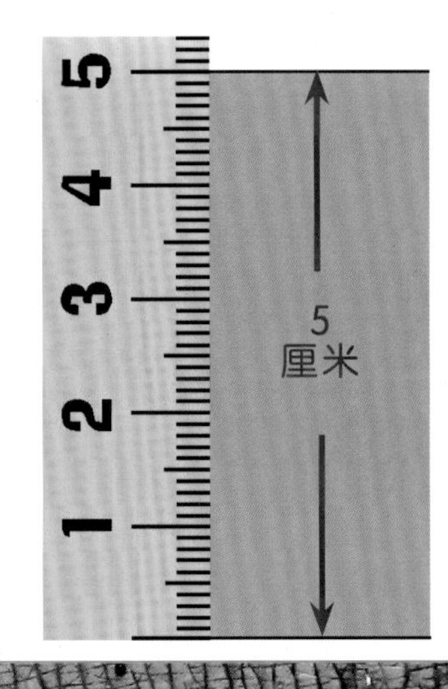

我听见你了

犀牛的耳朵能朝不同的方向转动，听觉非常灵敏。

释义

一群犀牛在英文中被称作“crash”（编者注：原意为“冲击”）。

你知道吗？

当狮子靠近时，犀牛在看见它之前，先是通过嗅觉和听觉感觉到它的。

我看见你了

河马脑袋的构造非常精巧。当河马游泳时，它的耳朵、鼻子和眼睛都露在水面上，让它能够随时保持警惕状态。

你知道吗？

一群河马在英文中被称作“bloat”（编者注：原意为“臃肿的物体”）。

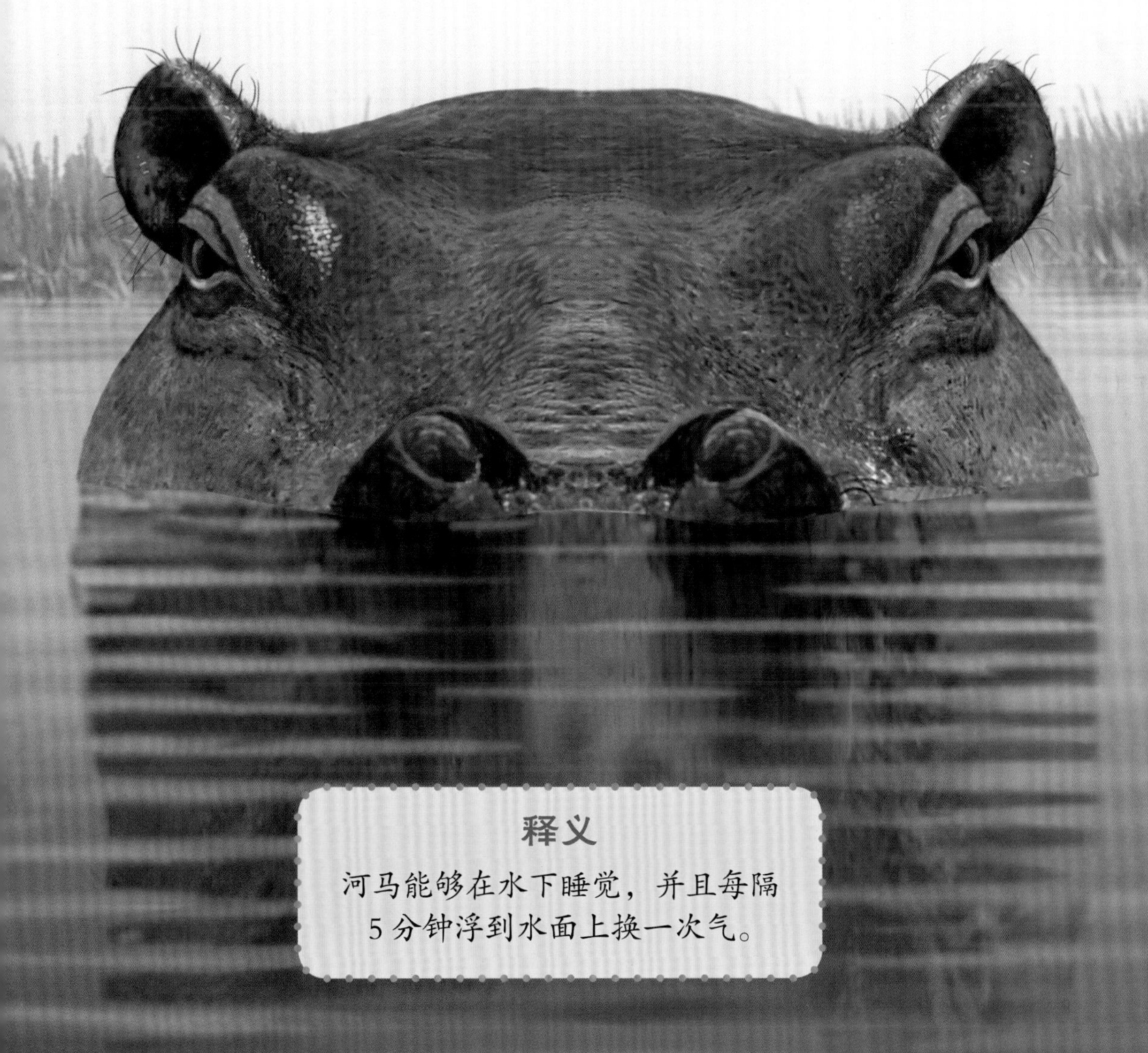

释义

河马能够在水下睡觉，并且每隔5分钟浮到水面上换一次气。

犀牛的速度

犀牛在突然发力的情况下，时速可达 48 千米。

关于速度

犀牛的奔跑速度能轻易超越人类。

趣事百科

犀牛能像马一样飞奔。

河马的速度

河马的奔跑时速可达 29 千米。不过，它们对马拉松可没什么兴趣，它们生来就不擅长长距离奔跑。

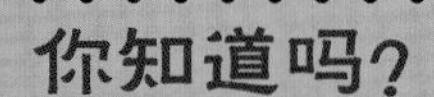

你知道吗？

河马的奔跑速度能够超越大部分人类。

你知道吗？

动物学家们认为，与河马亲缘关系最近的是海豚和鲸鱼。

释义

动物学家指的是研究动物和动物行为的科学家。

听我说！

我告诉过插画师，不要把犀牛的臀部展示出来，但是他就是不听！

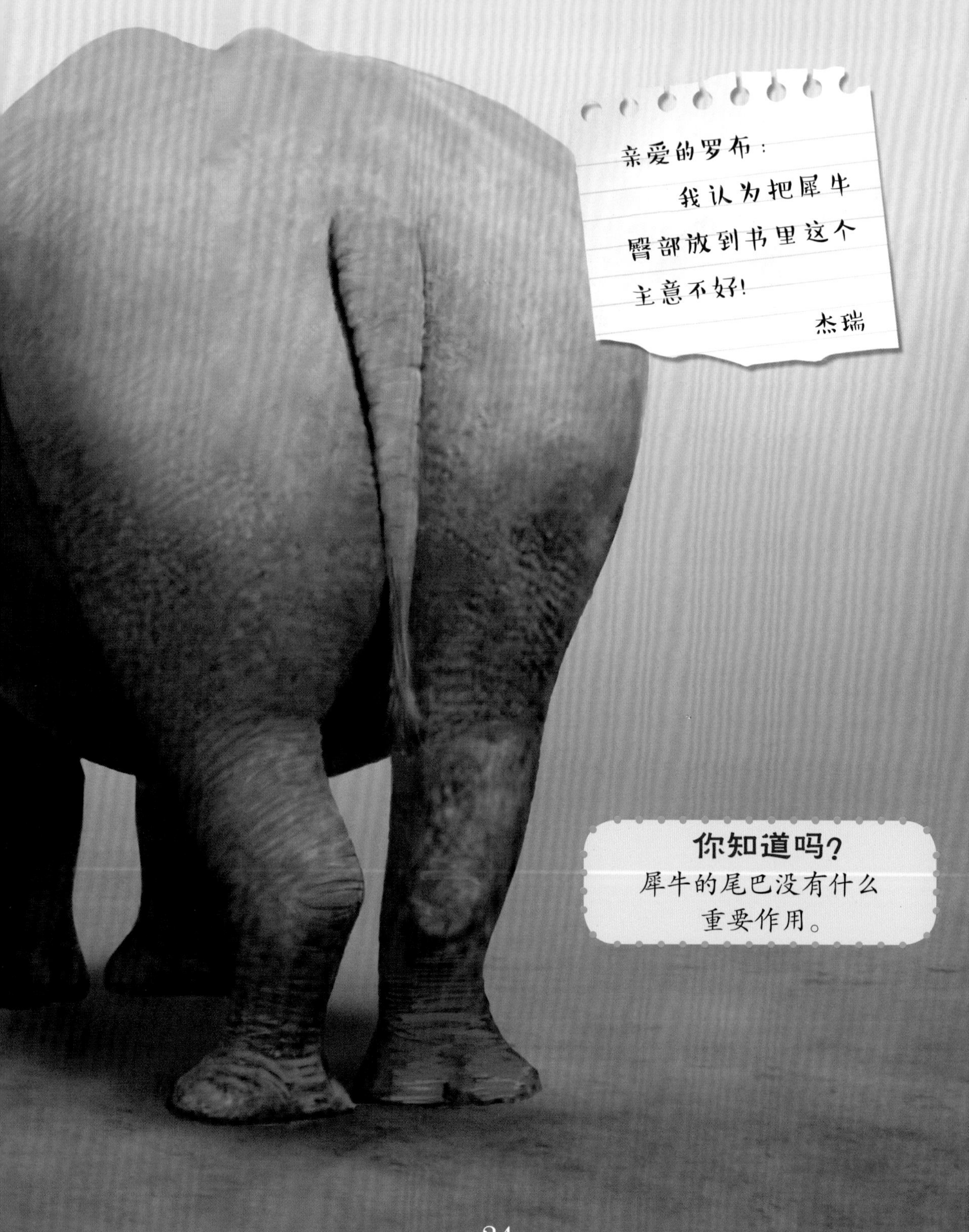

不要这样做！

我还告诉插画师，也不要把河马的臀部展示出来！

河马的尾巴非常小，不像雪豹的那么长，不像马的那么蓬松，也不像袋鼠的那样能很好地维持身体的平衡。

口渴的犀牛走到水坑边想要喝水。

就在犀牛喝水的时候，河马张开它大大的嘴巴将犀牛吓得倒退一步。口渴难耐的犀牛再次靠近水坑，而河马又一次张开自己的大嘴巴把犀牛吓跑了。

过了一会儿，河马想要喝水。这一次，犀牛占据主动权，赶跑了河马。很快，河马又回来了。犀牛低下脑袋，晃动着头上的角，再次吓退了河马。

犀牛并不打算吃河马，河马也不会吃犀牛。不过，它们会为同一片水源而战斗。

河马再次张开自己的大嘴，犀牛落荒而逃。

犀牛又回来了，对河马发起攻势。在最后一刻，河马转过身，张开自己强有力的嘴巴。犀牛退下了。

犀牛慢慢地走回来，脑袋放得低低的，竖起头上的角，准备战斗。这时，河马快速地转到犀牛的身后，猛地张开大嘴，对着犀牛的后腿咬了下去！哎哟！犀牛的腿被咬断了，它一瘸一拐地跑掉了。

犀牛犯了一个致命的错误。

实力大比拼

参数对比

犀牛		河马
□	体重	□
□	体形	□
□	武器	□
□	皮肤	□
□	耳朵	□
□	游泳能力	□
□	速度	□

这不过是其中一种可能的战斗结果。亲爱的小读者，如果是你，你会如何书写结局呢？

SCHOLASTIC

WHO WOULD WIN

猜猜谁会赢

锤头鲨对战公牛鲨

HAMMERHEAD VS. BULL SHARK

[美]杰瑞·帕洛塔/著　[美]罗布·博斯特/绘　纪园园/译

中信出版集团·北京

图书在版编目（CIP）数据

锤头鲨对战公牛鲨 /（美）杰瑞 · 帕洛塔著；（美）罗布 · 博斯特绘；纪园园译 . -- 北京：中信出版社，2018.1（2024.12 重印）
（猜猜谁会赢）
书名原文：Who Would Win? Hammerhead vs. Bull Shark
ISBN 978-7-5086-7906-8

I. ① 锤… Ⅱ . ①杰… ②罗… ③纪… Ⅲ . ①鲨鱼－少儿读物 Ⅳ . ① Q959.41-49

中国版本图书馆 CIP 数据核字（2017）第 173654 号

锤头鲨对战公牛鲨
（猜猜谁会赢）

著　　者：[美] 杰瑞 · 帕洛塔
绘　　者：[美] 罗布 · 博斯特
译　　者：纪园园
出版发行：中信出版集团股份有限公司
（北京市朝阳区东三环北路 27 号嘉铭中心　邮编　100020）
承 印 者：北京尚唐印刷包装有限公司

开　　本：787mm × 1092mm　1/16　　印　　张：26　　字　　数：228.8 千字
版　　次：2018 年 1 月第 1 版　　印　　次：2024 年 12 月第 20 次印刷
京权图字：01-2017-6372　　本书插图系原文插图
审 图 号：GS 京（2024）1161 号
书　　号：ISBN 978-7-5086-7906-8
定　　价：169.00 元（全 13 册）

图书策划：红披风
策划编辑：谢媛媛　　责任编辑：谢媛媛　黄盼盼　　营销编辑：单云龙　谢　沐
装帧设计：谭　潇　颂煜图文　　责任印制：刘新蓉

如果锤头鲨与公牛鲨狭路相逢，会有什么好戏上演呢？如果双方体形相当，又正好都饥肠辘辘呢？如果它们大战一场，你觉得谁会从中胜出呢？

巨型锤头鲨

它脑袋的形状有些奇怪。

灰鲭鲨

游动速度最快的鲨鱼！

记住！
鱼类有鳃，但没有肺。

巨口鲨

生有血盆大口的深海鲨鱼，1976 年才被发现。

公牛鲨

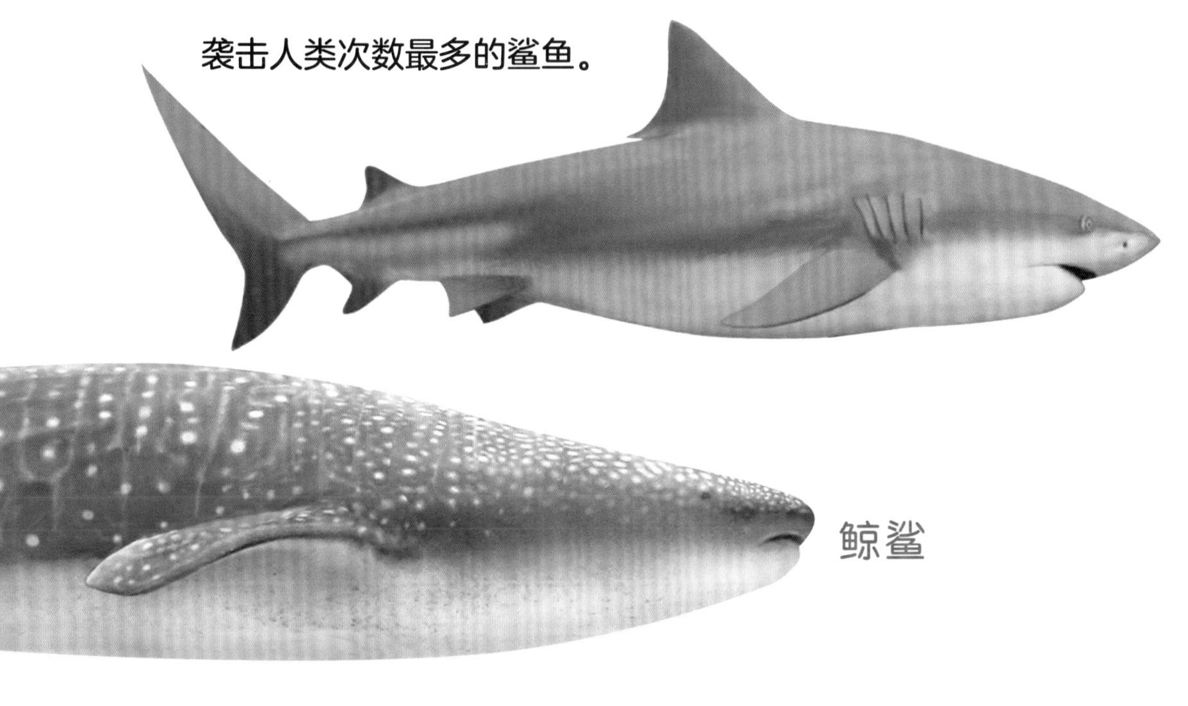

世界上体形最为庞大的鱼类，是无害的滤食动物。

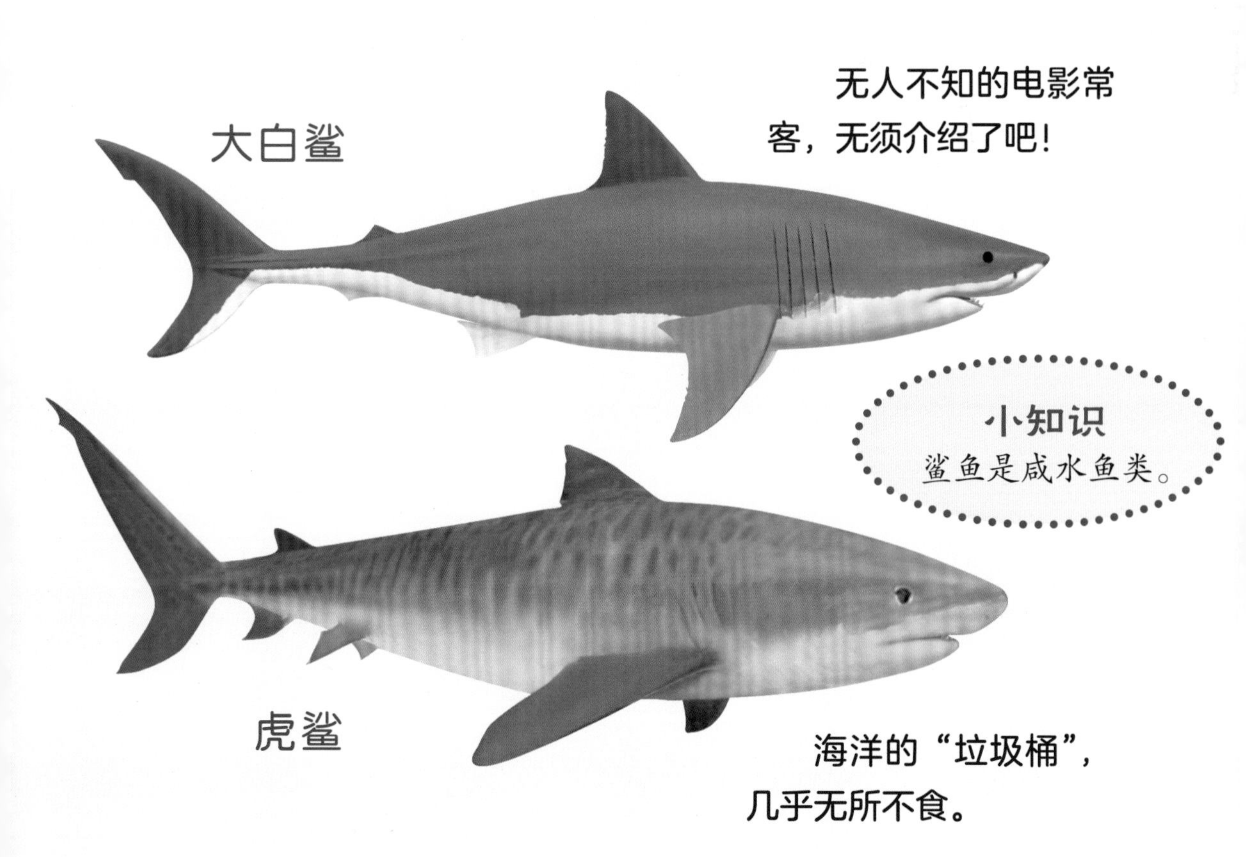

巨型锤头鲨的拉丁学名：
Sphyrna mokarran

让我们来认识一下巨型锤头鲨。巨型锤头鲨体长可达 6 米，体重超过 450 千克。锤头鲨非常易于辨认，因为它的脑袋像个大大的锤头。

趣事百科

科学家称锤头鲨的脑袋为“发髻”。所以它还有一个名字，叫作“双髻鲨”。

你知道吗？

最大的锤头鲨脑袋上双眼眼球的距离可达 0.9 米。

锤头鲨虽然看上去很可怕，但几乎从不攻击人类。

公牛鲨的拉丁学名：*Carcharhinus leucas*

让我们来认识一下公牛鲨。公牛鲨之所以被叫作“公牛鲨”，是因为它体形粗壮、性情难测，像头公牛，是极具攻击性的浅水鲨鱼。它们喜欢生活在水深不足 30 米的海水中。雌性公牛鲨能长到 3.6 米长，230 千克重。

趣事百科

大白鲨经常会受到公牛鲨的攻击。

你知道吗？

因为公牛鲨喜欢在浅水中活动，所以相对于生活在深水中的大白鲨和虎鲨来说，公牛鲨对人类的威胁更大。

锤头鲨在夜间会独自狩猎，而白天则会成群迁徙。

公牛鲨则更喜欢独处。

知识拓展

公牛鲨虽然性格“孤僻”，但有时也会两两相伴觅食。

鲨鱼轶事

公牛鲨有许多名字：赞比西鲨、河口鲨、爪哇鲨、菲茨罗伊河鲨、白眼鲛、斯旺河鲸鱼捕手、古巴鲨、淡水鲨、尼加拉瓜湖鲨等。

锤头鲨的种类

趣事百科

锤头鲨的脑袋虽然形状奇怪，却非常有用，上面能分布更多的传感器。与其他鲨鱼相比，锤头鲨的嗅觉更为敏锐，而且它们比其他鲨鱼更快感知到周围的鱼群。

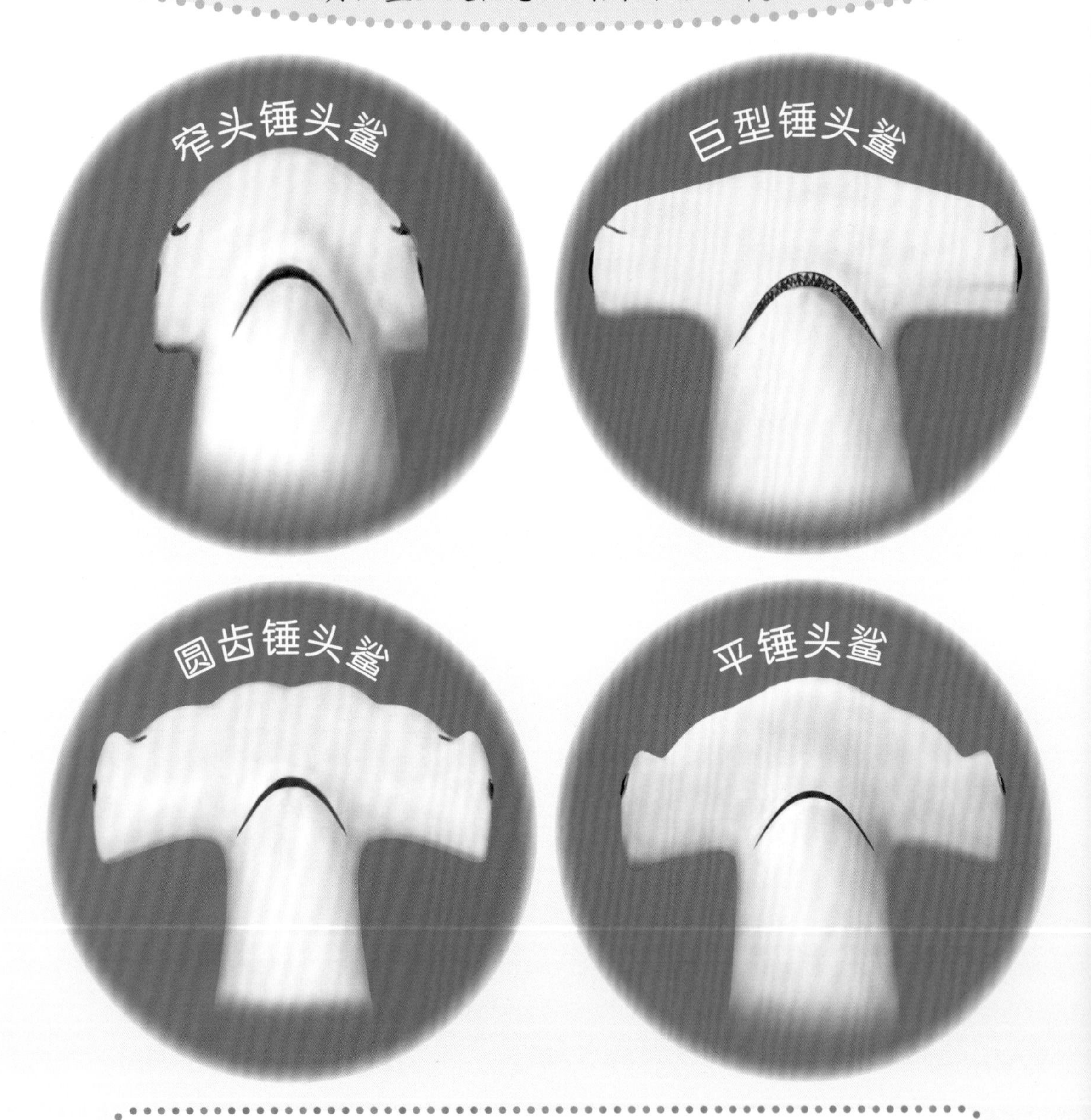

你知道吗？

其他种类的锤头鲨还包括圆头鲨、金锤头鲨、白边锤头鲨、翼头鲨和圆齿窄头锤头鲨。

公牛鲨的旅行

公牛鲨喜欢沿水深较浅的海岸游动，它们经常会游进河口或溯游到淡水河中。

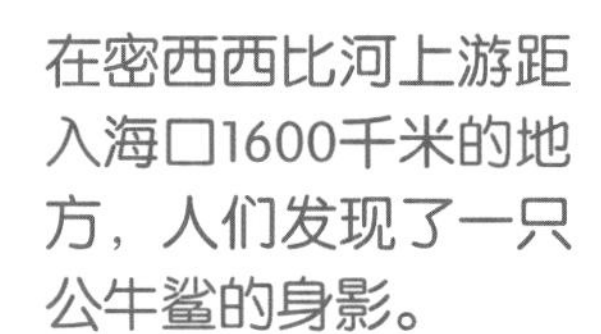

在亚马孙河上游距入海口4800千米的地方，人们捉到了一只公牛鲨。

鲨鱼冷知识

经DNA（脱氧核糖核酸）技术检测，在南美洲的尼加拉瓜湖和非洲的赞比西河中的鲨鱼也属于公牛鲨。

如果你用水肺潜入大海，一只锤头鲨从你正前方游来，那这就是你眼前的景象：

趣事百科
锤头鲨在大海中畅游已经长达两千多万年了。

你知道吗？
锤头鲨眼睛的位置非常特别，这能帮助它们捕捉到来自四面八方的信息！

如果你徒手潜入大海，一只公牛鲨从你正前方游来，那这恐怕就是你眼前的景象了。小心！

趣事百科

公牛鲨头部的宽度大于长度。

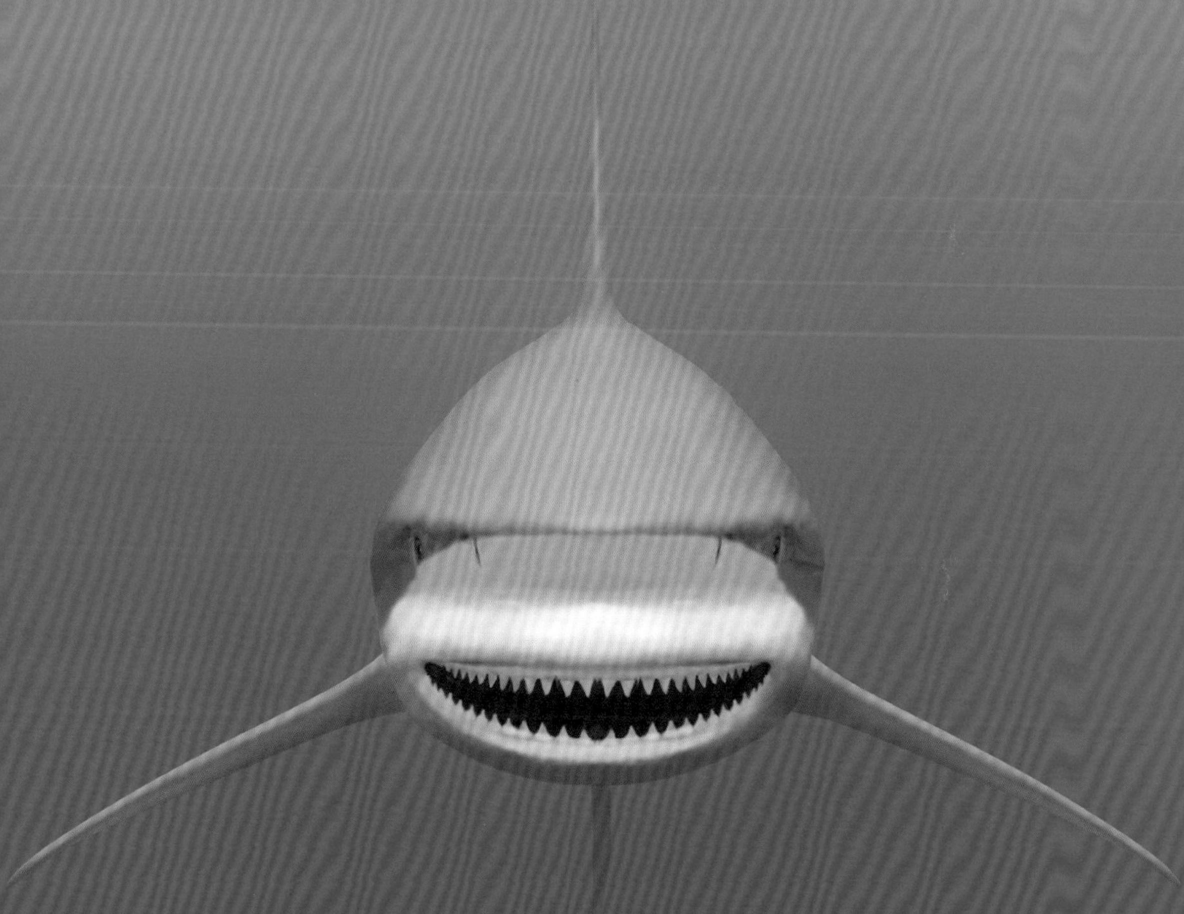

你知道吗？

公牛鲨捕猎时会先撞击猎物，再决定是否撕咬猎物。

锤头鲨的牙齿

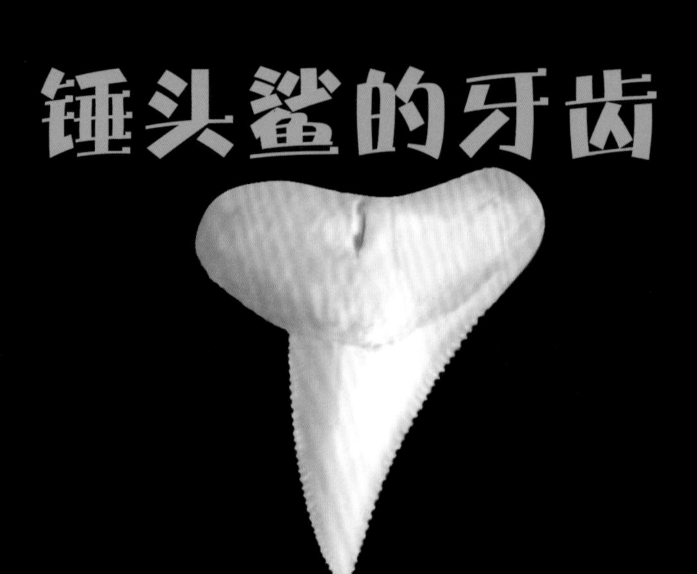

与其他鲨鱼相比，锤头鲨的嘴巴比较小。但是它们的牙齿也像其他鲨鱼一样，看上去十分吓人。

虎鲨　柠檬鲨　灰鲭鲨

护士鲨　长尾鲨　大青鲨

公牛鲨的牙齿

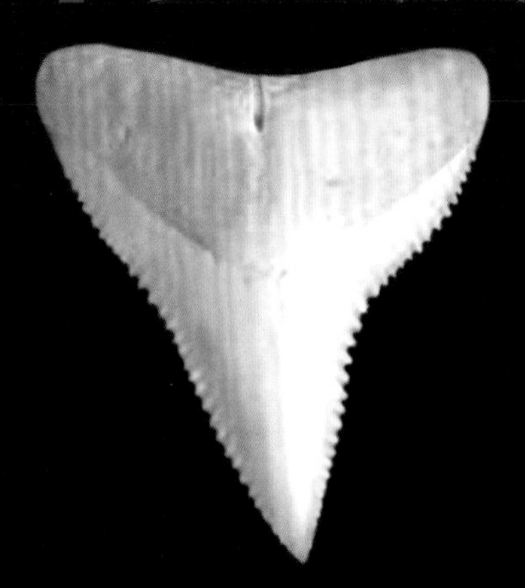

公牛鲨有着尖尖的下牙和三角形的上牙，整张嘴巴就像一副刀叉。捕获猎物后，公牛鲨会先用下牙叼住猎物，然后上牙像锯子一样前后磨咬猎物。

大白鲨

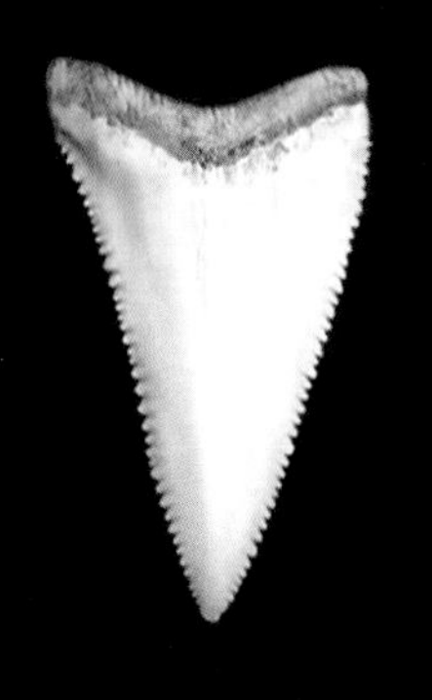

哥布林鲨

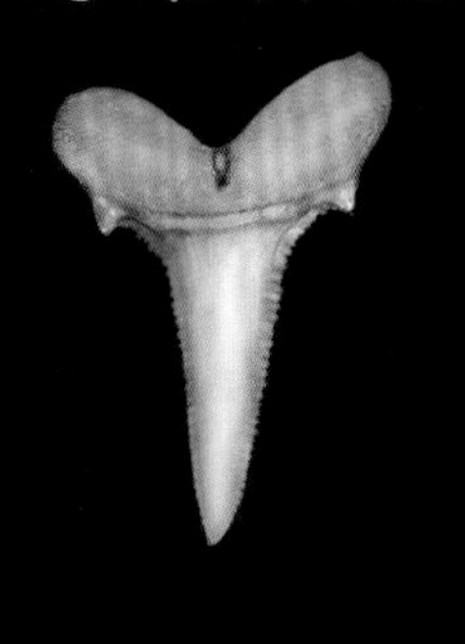

黑边鳍真鲨

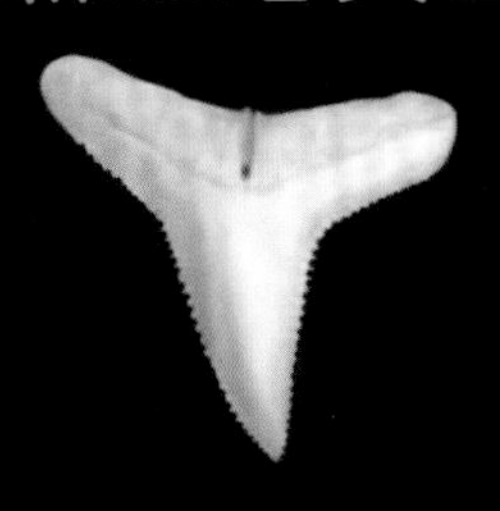

糙齿鲨

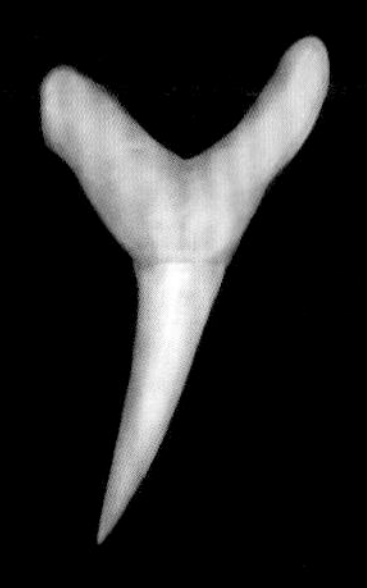

鲸鲨

锯鲨

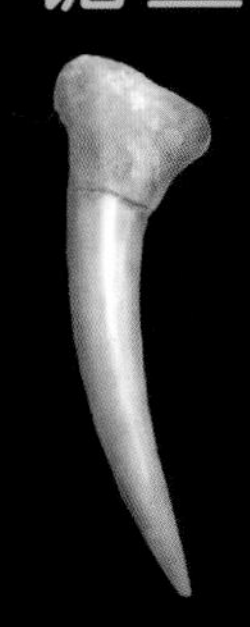

锤头鲨的身体结构

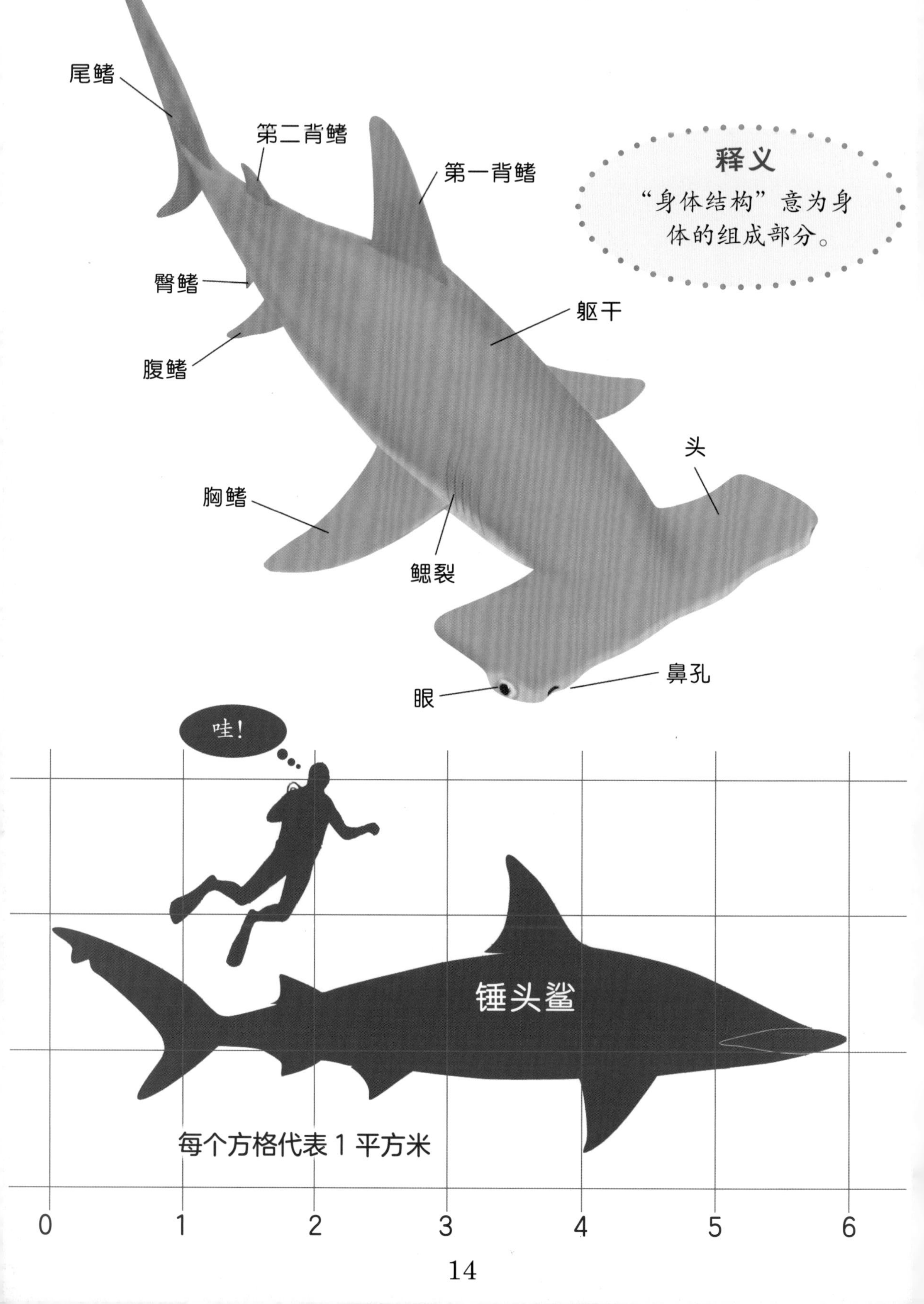
尾鳍
第二背鳍
第一背鳍
释义
“身体结构”意为身体的组成部分。
臀鳍
躯干
腹鳍
头
胸鳍
鳃裂
鼻孔
眼
哇!
锤头鲨
每个方格代表 1 平方米
0
1
2
3
4
5
6

公牛鲨的身体结构

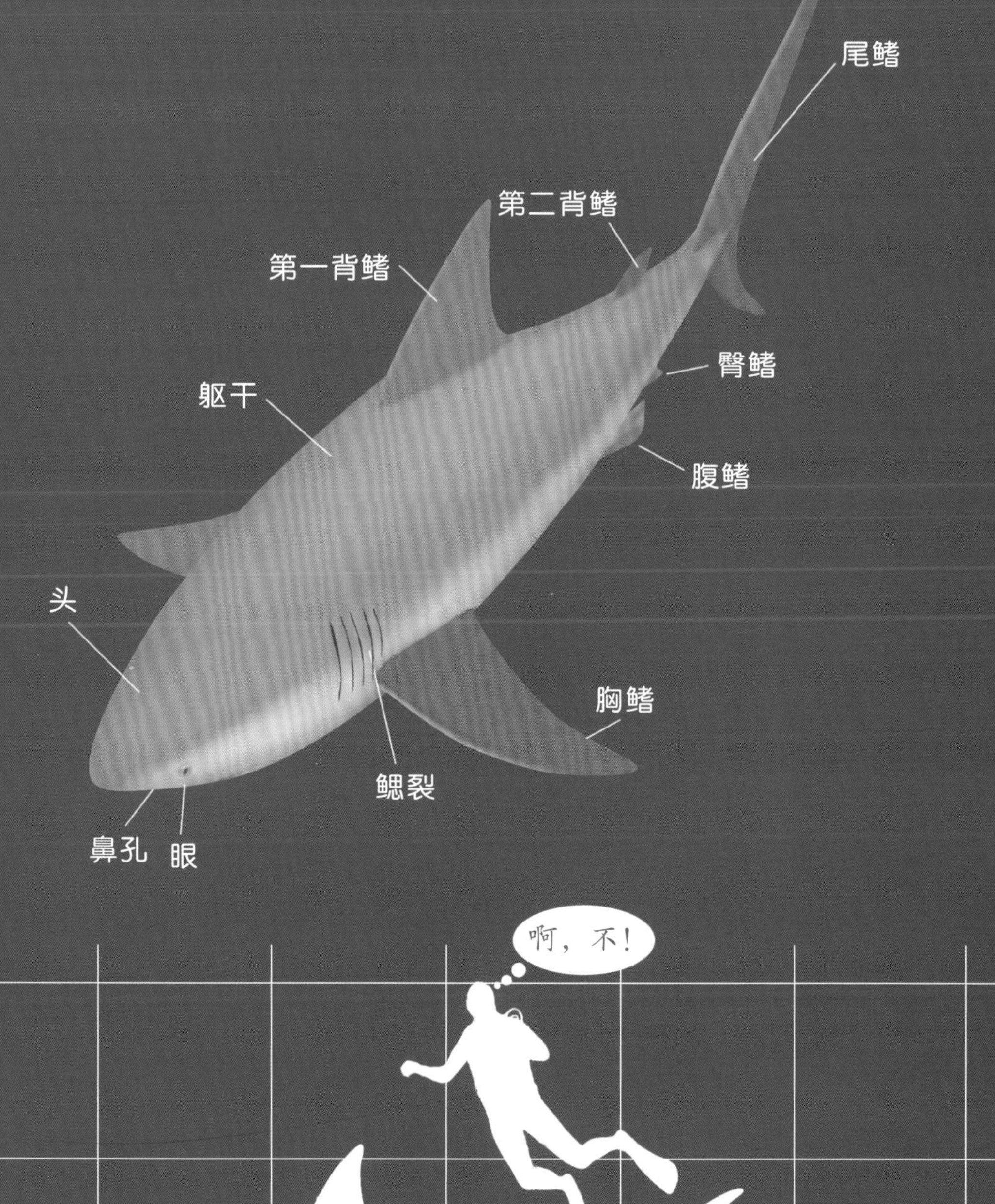

啊，不！

公牛鲨

每个方格代表 1 平方米

0 1 2 3 4

设计师们在设计飞行器时，或许只需要从大自然中学习就够了。

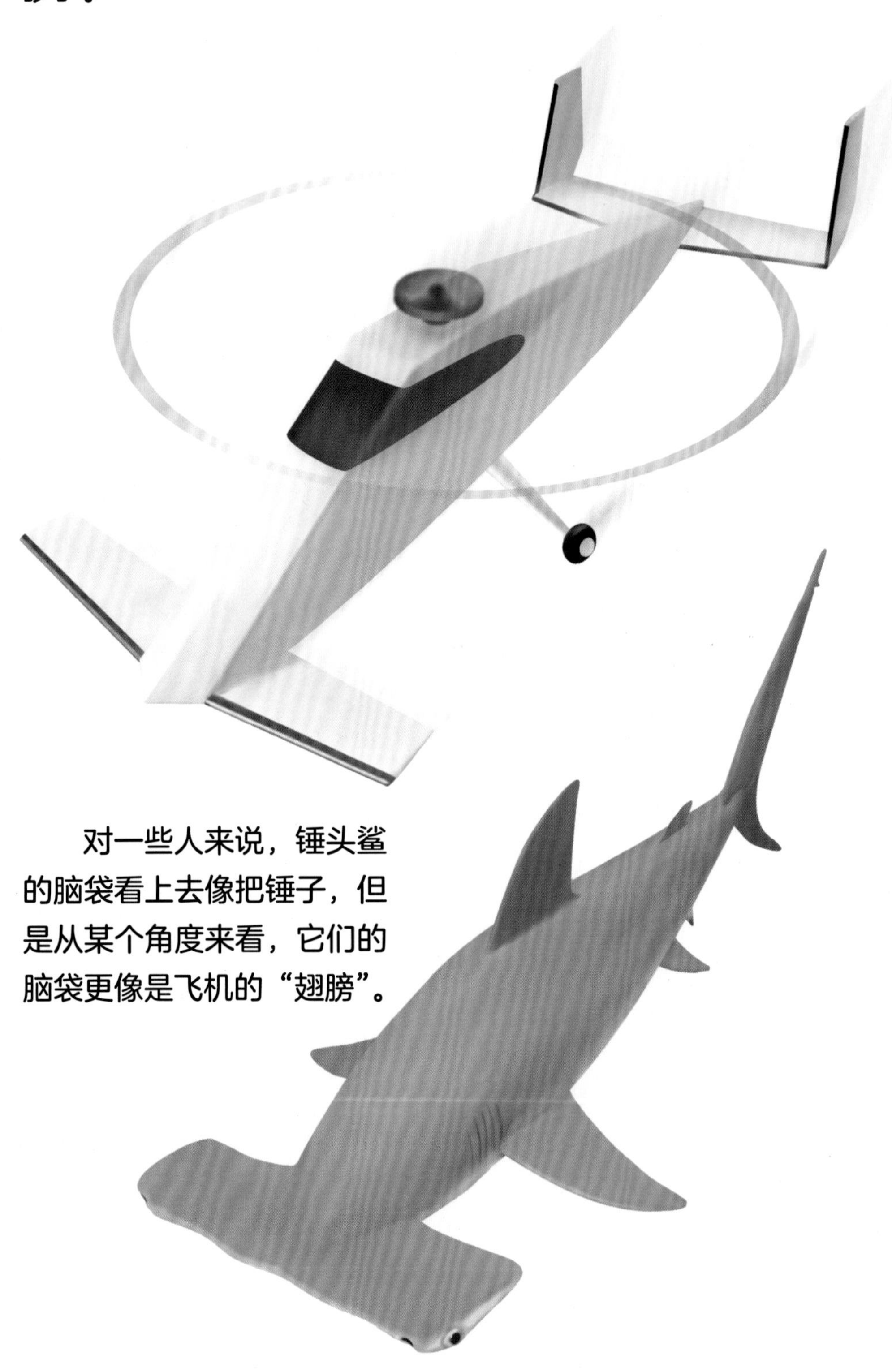

对一些人来说，锤头鲨的脑袋看上去像把锤子，但是从某个角度来看，它们的脑袋更像是飞机的“翅膀”。

这种像翅膀一样的脑袋形状能够帮助锤头鲨在游动时更加平稳。

你甚至可以说，航天飞机早在几百万年前就已经在大自然中被设计出来了。

趣事百科
航空工程师研究“气体动力学”。

瞧瞧公牛鲨的体形。

趣事集锦
大型鲨鱼的双颚力量是狮子的两倍。

鲨鱼的

巨型锤头鲨和公牛鲨是不同种类的鲨鱼，但它们尾巴的形状却非常相似。你们瞧！

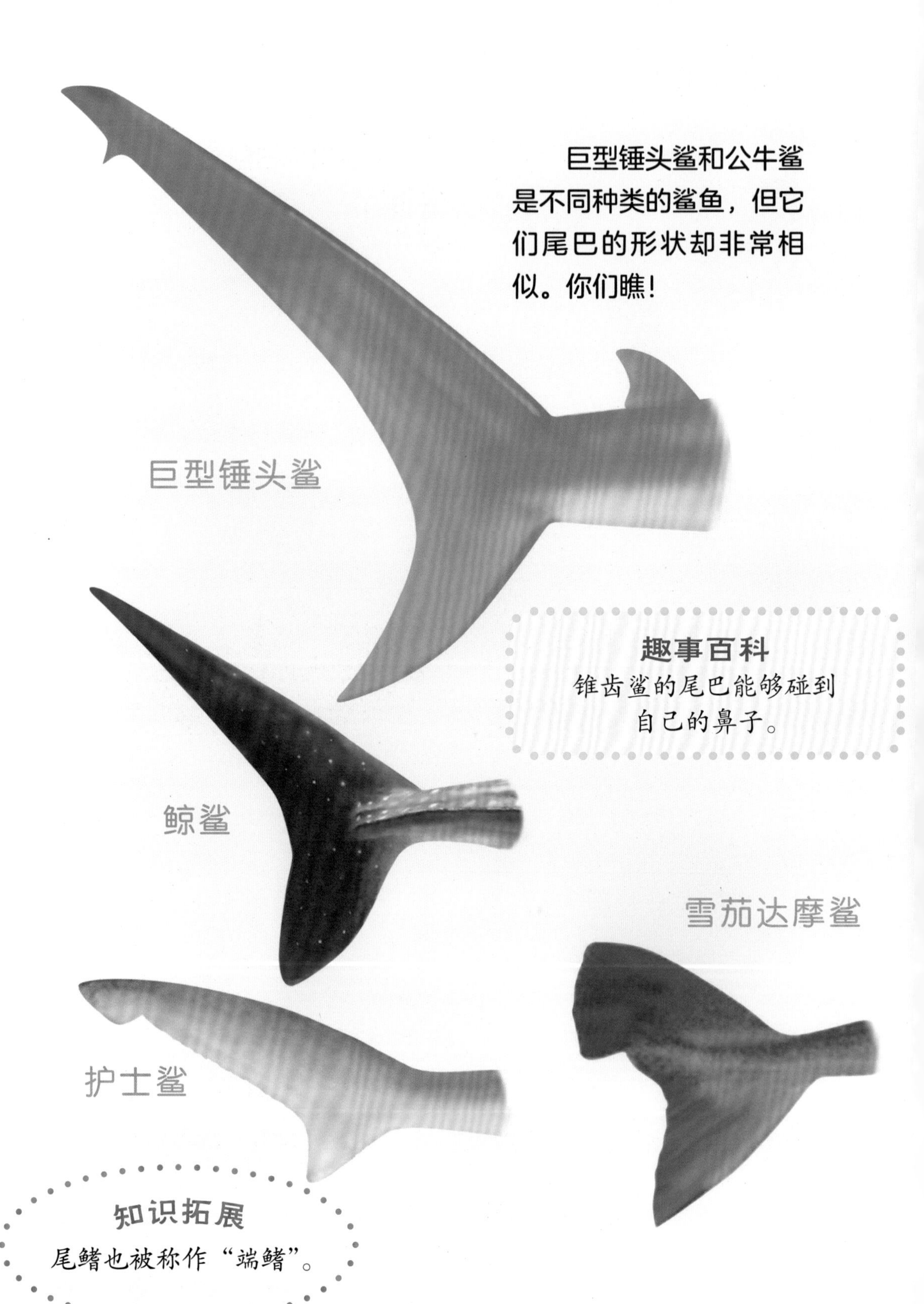

趣事百科

锥齿鲨的尾巴能够碰到自己的鼻子。

知识拓展

尾鳍也被称作“端鳍”。

尾巴

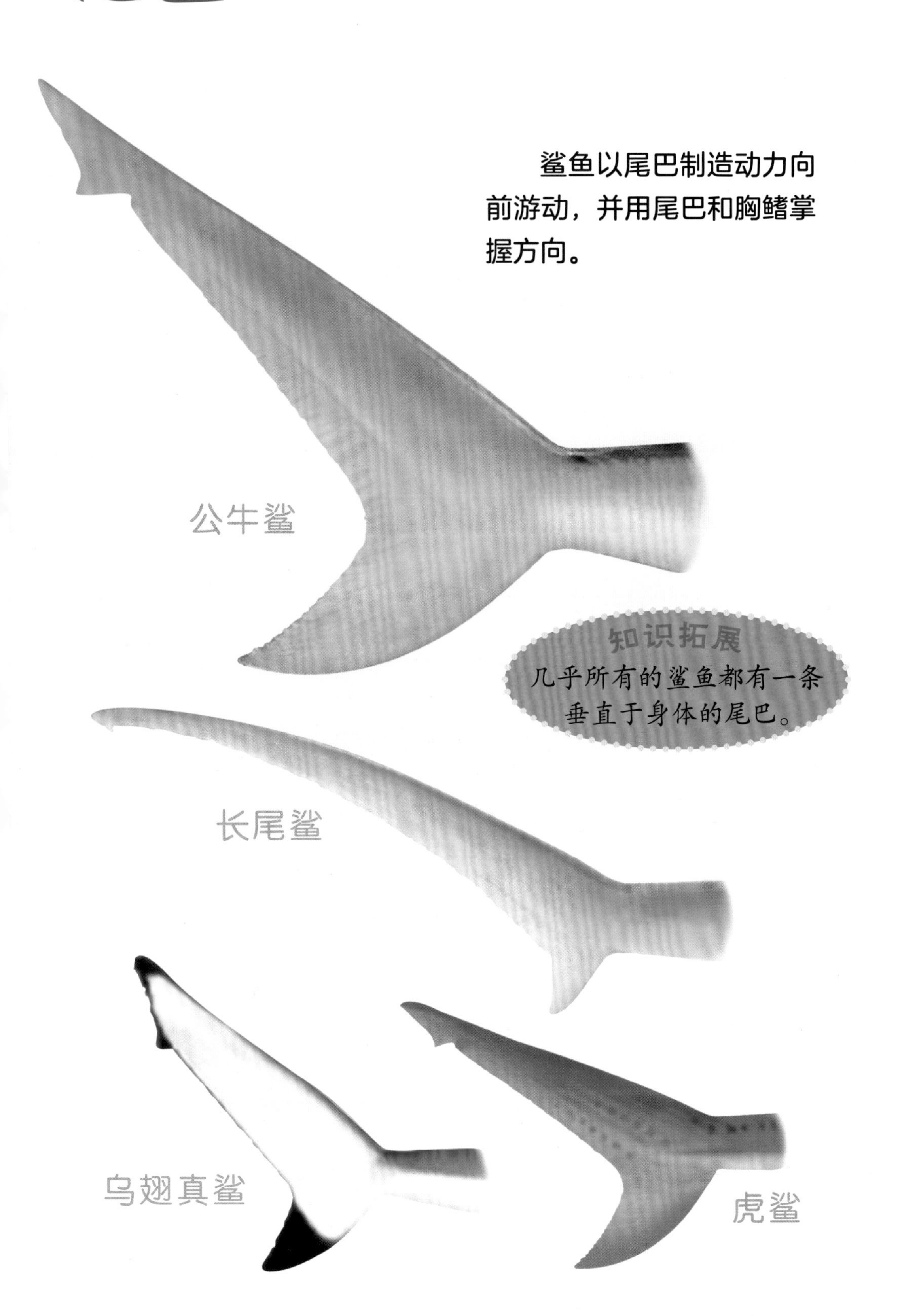

鲨鱼以尾巴制造动力向前游动，并用尾巴和胸鳍掌握方向。

知识拓展

几乎所有的鲨鱼都有一条垂直于身体的尾巴。

鲨鱼的朋友们

鲨鱼和引水鱼（学名“舟鰤鱼”）是好朋友。

比如，引水鱼会吃掉鲨鱼皮肤上的寄生虫，而且还可以吃鲨鱼的食物残渣。同时，在鲨鱼身边游动，还能有效躲避捕食者。

硬知识

鲨鱼的皮肤非常坚硬，表面覆盖着被称为“肤齿”的微小鳞盾——像身穿盔甲一样。

你知道吗？

“小小清洁工”隆头鱼能够清洁鲨鱼的皮肤，有些甚至能进入鲨鱼的嘴巴，帮助鲨鱼清洁牙齿。

搭便车

鲫鱼身上长有吸盘，能够吸附在鲨鱼身上搭便车。

冷知识

鲫鱼也被称作“吸鲨者”。

这就是鲫鱼。

冷知识

一些寄生的桡脚类生物或蠕虫会附着在鲨鱼身上。

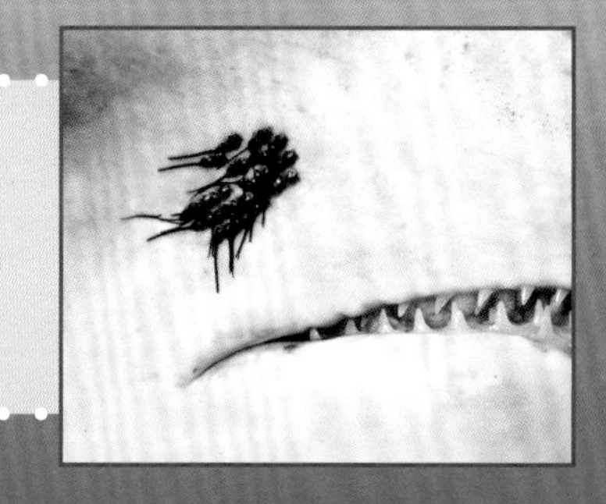

锤头鲨做不到的事情

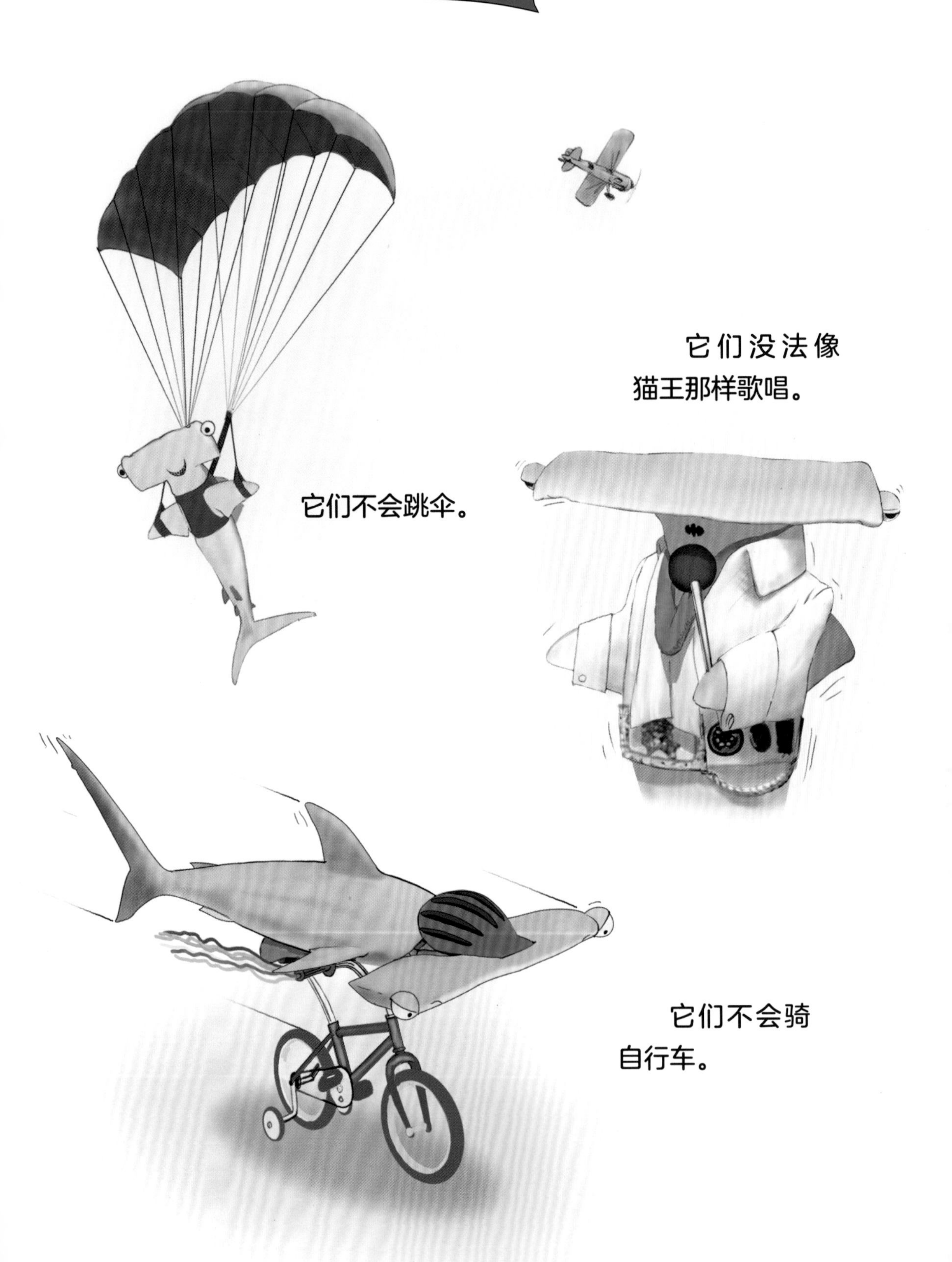

它们不会跳伞。

它们没法像
猫王那样歌唱。

它们不会骑
自行车。

公牛鲨做不到的事情

它们不会玩悠悠球。

它们不能像米开朗琪罗一样作画。

它们不会做纸杯蛋糕。

一只巨型锤头鲨正在大海中游弋，而一条饥饿的公牛鲨正在寻找食物。

趣事集锦

锤头鲨用自己宽阔的脑门探测黄貂鱼，并把它们按在海底。这是它们最喜爱的食物。

锤头鲨注意到了公牛鲨的身影，不过它对此并无兴趣。锤头鲨可不喜欢拿这么大个儿的鲨鱼当自己的食物，它更喜欢小一些、容易捕捉的猎物。

你知道吗？

凶猛的公牛鲨可以很容易适应人工的环境，很快习惯水族馆的生活。

公牛鲨察觉到了周围的威胁，很乐意挑起一场战斗。于是，公牛鲨朝锤头鲨的方向径直游了过去。

公牛鲨张开大嘴，准备撞击锤头鲨。不过，后者敏锐的视力帮助它迅速转身，避开了公牛鲨的进攻。

公牛鲨发怒了，再次向锤头鲨发起进攻。而锤头鲨并不恋战，扭头准备逃走。但公牛鲨的速度也毫不逊色。

公牛鲨再次发动猛攻。而这次进攻，公牛鲨咬住了锤头鲨的尾巴。锤头鲨扭头保护自己，不过为时已晚。公牛鲨咬下了锤头鲨尾巴上的一大块肉。

锤头鲨流血不止，这让公牛鲨更加兴奋。受伤的锤头鲨动作开始变得迟缓，公牛鲨趁机开足马力猛地撞击锤头鲨，使后者顿时失去了平衡。接着，公牛鲨又咬了锤头鲨几口。

锤头鲨战败，公牛鲨可以美餐一顿了。这片海域中闻到腥甜的血肉味的鲨鱼们也会纷纷赶来。

今天，公牛鲨赢了。不过当下一次这两种鲨鱼狭路相逢时，或许锤头鲨能立刻嗅出危险的气息。

实力大比拼

参数对比

锤头鲨		公牛鲨
□	体长	□
□	体重	□
□	牙齿	□
□	视力	□
□	头形	□

这不过是其中一种可能的战斗结果。亲爱的小读者，如果是你，你会怎么书写结局呢？

SCHOLASTIC

WHO WOULD WIN

猜猜谁会赢

貂 熊 对 战 袋 獾

WOLVERINE

VS.

TASMANIAN DEVIL

[美] 杰瑞 · 帕洛塔 / 著 [美] 罗布 · 博斯特 / 绘 纪园园 / 译

中信出版集团 · 北京

图书在版编目（CIP）数据

貂熊对战袋獾 /（美）杰瑞 · 帕洛塔著；（美）罗布 · 博斯特绘；纪园园译 . -- 北京：中信出版社，2018.1（2024.12 重印）
（猜猜谁会赢）
书名原文：Who Would Win? Wolverine vs. Tasmanian Devil
ISBN 978-7-5086-7906-8

I. ①貂… Ⅱ . ①杰… ②罗… ③纪… Ⅲ . ①鼬科－少儿读物 ②獾－少儿读物 Ⅳ . ① Q959.838-49

中国版本图书馆 CIP 数据核字（2017）第 174852 号

貂熊对战袋獾
（猜猜谁会赢）

著　　者：[美] 杰瑞 · 帕洛塔
绘　　者：[美] 罗布 · 博斯特
译　　者：纪园园
出版发行：中信出版集团股份有限公司
（北京市朝阳区东三环北路 27 号嘉铭中心　邮编　100020）
承 印 者：北京尚唐印刷包装有限公司

开　　本：787mm × 1092mm　1/16　　印　　张：26　　字　　数：228.8 千字
版　　次：2018 年 1 月第 1 版　　印　　次：2024 年 12 月第 20 次印刷
京权图字：01-2017-6372　　本书插图系原文插图
审 图 号：GS 京（2024）1161 号
书　　号：ISBN 978-7-5086-7906-8
定　　价：169.00 元（全 13 册）

图书策划：红披风
策划编辑：谢媛媛　　责任编辑：谢媛媛　黄盼盼　　营销编辑：单云龙　谢　沐
装帧设计：谭　潇　颂煜图文　　责任印制：刘新蓉

如果貂熊与袋獾狭路相逢，会有什么好戏上演？如果双方大打出手，你觉得谁会赢呢？

貂熊的拉丁学名：*Gulo gulo*

让我们来认识一下貂熊。貂熊的拉丁学名的意思是“贪吃”，就是我们平常说的“吃货”，指吃得很多的家伙。

释义

哺乳动物是脊椎动物，大多数全身被毛、恒温、胎生，因能通过乳腺分泌乳汁给幼体哺乳而得名。

各种别称

臭鼬熊、狼獾、月熊、飞熊、山狗子、掌熊。

貂熊属于哺乳动物中的鼬科。一只貂熊体长可达 0.9 米，体重可达 18 千克。

袋獾的拉丁学名：*Sarcophilus harrisii*

让我们来认识一下袋獾。袋獾的拉丁学名的意思是“嗜肉者”。

释义

有袋动物是指把幼兽装在身上的袋子里的一种哺乳动物。

各种绰号

塔斯马尼亚恶魔、屠夫、恶魔熊。

袋獾属于哺乳动物中的有袋动物，能生长至约 0.8 米长、11 千克重。

鼬科家族的动物

白鼬

袋貂

蜜獾

小知识
海貂是一种已经绝种的有袋动物。

你知道吗？
貂熊不需要冬眠。

貂

伶鼬

怪奇百科
人们曾以为袋獾是侏儒小熊。

其他有袋动物

大袋鼠

树袋熊

怪奇百科

蹼足负鼠是一种生活在南美的能够在水中活动的有袋动物。

沙袋鼠

袋熊

想一想！

你还能想到其他的有袋动物吗？

参考答案见第30页。

袋鼬

小知识

塔斯马尼亚狼（对称袋狼）是一种已经灭绝的有袋动物。

北半球

貂熊喜欢生活在寒冷的环境中，美洲北部、亚洲北部和欧洲北部都有貂熊的身影。貂熊偏爱山区、冰雪和冰川地区。

小知识

在厚厚的雪地上，貂熊比它们的有蹄类猎物更具优势，因为它们的脚掌非常宽大。

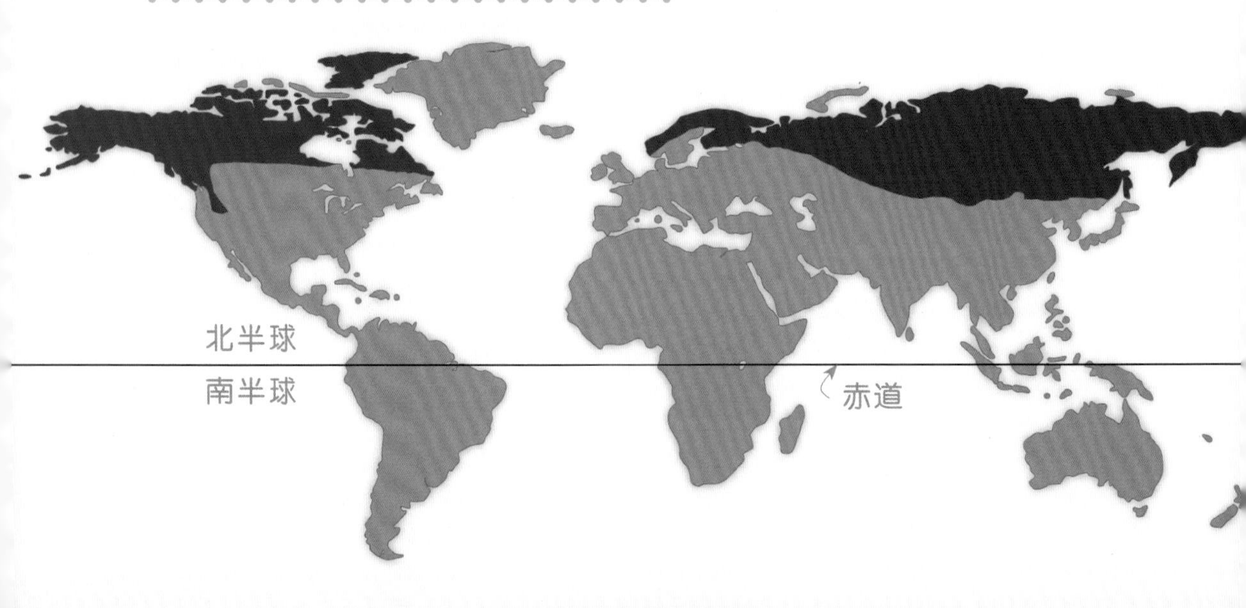

大学运动队

密歇根大学运动队的名字就是狼獾队（即貂熊队）。

你知道吗？

南半球没有貂熊。

塔斯马尼亚

袋獾生活在澳大利亚东南部的塔斯马尼亚岛上，出没于岛上的灌木丛和桉树林间。

你知道吗？
澳大利亚有近一半的地区是荒漠和半荒漠。

地理百科

塔斯马尼亚岛曾被称为“范迪门斯地*”。

*范迪门斯地，英文 Van Diemen's Land，意为范·迪门之地。1642 年，荷兰航海家阿贝尔·塔斯曼发现这个岛屿，于是以资助他航海的东印度公司总督范·迪门的名字给这座岛命名。1856 年，岛名更改为塔斯马尼亚岛。

同名球队

塔斯马尼亚贝勒里夫的一支足球队的名字就是“袋獾足球俱乐部”。

形容貂熊的词

野蛮

顽强

凶猛

孤独

无情

神秘

难以捉摸

强大

暴躁

坚定

好主意

找本词典，查一查这些词语的意思吧！

你知道吗？

人们曾经见到过灰熊对貂熊望而却步的样子。

描述袋獾的词

吵闹

恶毒

肮脏

执着

狠毒

害羞

凶残

又一个好点子！

记住这些词怎么写！

挑战！

找一本同义词词典，查一下相关的近义词吧。

牙　齿

这是貂熊的头骨，相信没人想被一只貂熊咬到。瞧它的后牙——简直是为了咬碎骨头而生的。

惊奇百科

貂熊在不同的大陆上都有分布，但是其头骨却惊人地相似。

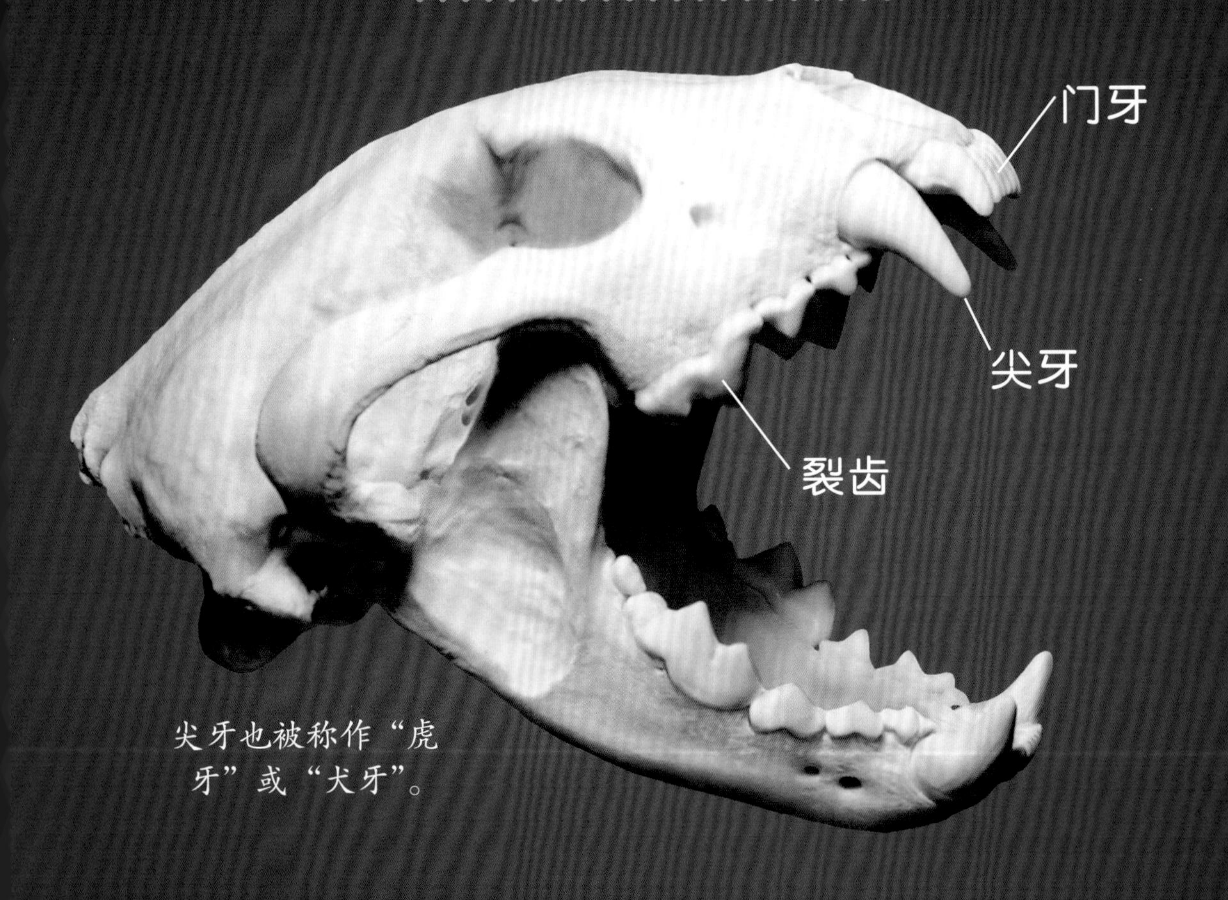

尖牙也被称作“虎牙”或“犬牙”。

你知道吗？

裂齿这样的形状能帮助貂熊切割和磨碎肉类。

趣事百科

极少有人能把成年的貂熊驯化成宠物。

颚

这是袋獾的头骨。一旦袋獾咬住猎物，就极少让其逃脱。

关于牙齿

人类没有裂齿。

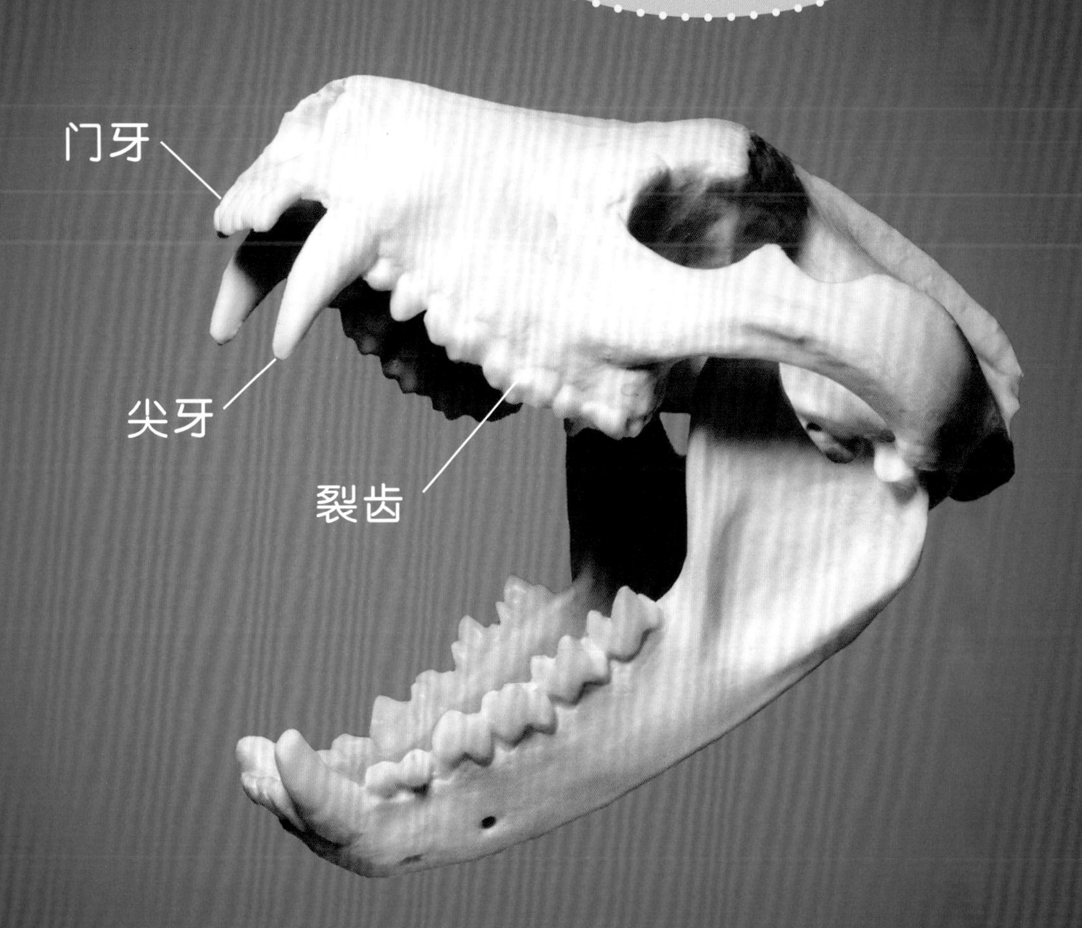

瞧它的上下颚和牙齿。我的天哪，多大的门牙！肯定是食肉动物。

释义

食肉动物指的是以肉类为食的动物。

噬咬

如果貂熊的体形与大白鲨一般大，那它双颚的力量比大白鲨还要大。

大白鲨

趣事百科

大白鲨的牙齿并不是紧紧地固定住的，而是晃动的。

貂熊

你知道吗？

科学家将颚的力量量化，称其为“咬合力”。

力量

如果袋獾的体形与老虎一般大，那袋獾的咬合力将比老虎还要强。

老虎

惊奇百科

老虎的颚比狮子的颚稍大一些。

袋獾

你知道吗？

袋獾的咬力比是所有动物中最大的。

最喜爱的食物

对貂熊来说，在它们身边出现的大多数动物都是美食。貂熊吃兔子、老鼠、绵羊、驯鹿、猞猁和奶牛。

小知识

貂熊不仅捕食动物，也会进食腐食。

更多的美食

海狸、麋鹿、獾、水獭、狼、狗、猫、土狼、花栗鼠都是貂熊的美食。

释义

食腐动物指的是吃其他动物尸体的动物。

最喜爱的食物

袋獾最喜爱的食物有袋熊、负鼠和沙袋鼠。

趣事百科

袋獾也会吃大袋鼠、沙袋鼠、绵羊和兔子。

知识扩展

袋獾一次进食可以吃掉的食物重量几乎是它体重的一半。

负鼠

小知识

袋獾也会吃无脊椎动物，比如虫子和蛾子。

爪（zhǎo）

貂熊的爪非常锋利，无论是在地上挖洞穴，在雪地里挖雪洞，还是撕碎木头，对它们来说都轻而易举。

小知识

即使是大型动物也知道貂熊的爪有多么厉害。

爪（zhǎo）

袋獾也生有锋利的长长的爪，非常适合挖洞。它有四只爪的爪尖向前伸展，另外一只爪的爪尖则像大拇指一样向一侧伸出。袋獾可以用爪抓取食物。

你知道吗？

袋獾的后脚上只有四根脚趾。

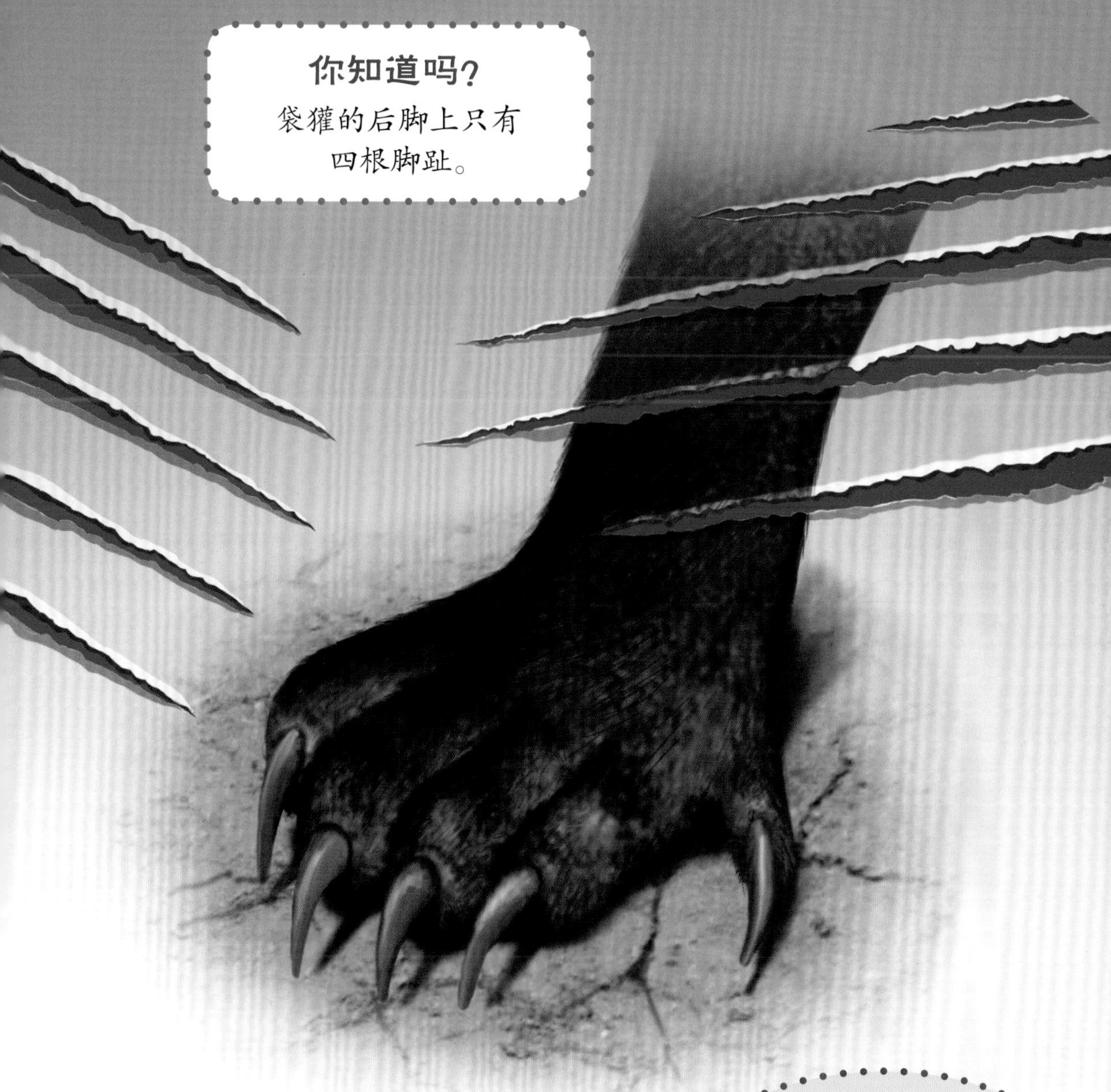

趣事百科

袋獾的后腿比前腿短。

皮　毛

在北美洲地区，人类的活动慢慢侵入了貂熊的领地，使得貂熊的生存不断受到威胁，已濒临灭绝。貂熊需要更多的生存空间。貂熊漂亮的皮毛非常温暖。正因为如此，貂熊与毛皮捕猎者的战斗已经持续了上百年。

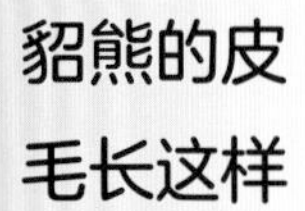

貂熊的皮毛长这样

你知道吗？

貂熊的皮毛被用作大衣的里衬。

尾　巴

貂熊毛茸茸的尾巴非常柔软、蓬松，虽然无法在战斗中保护主人，却可以在零度以下的天气中为身体保暖。

皮毛

袋獾也是一种濒危物种。虽然袋獾的皮毛没有市场，但是袋獾却被捕猎者当作“害虫”，长期受到捕猎者们的猎杀，这是因为袋獾会捕食毛皮捕猎者们想要的猎物。

袋獾的皮毛长这样

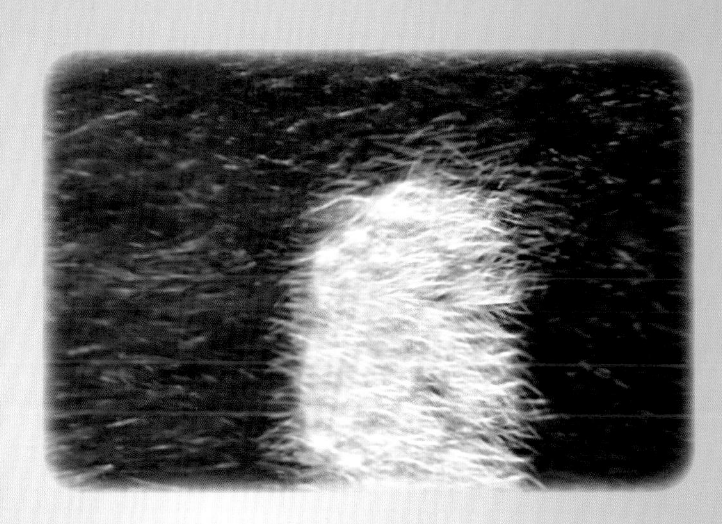

澳大利亚政府曾经悬赏鼓励人们猎杀袋獾。1930 年，凭一只袋獾尸体就可以领取政府 25 美分的赏金。

尾巴

释义

赏金指的是捕获或杀死一只动物获得的钱。

百科

从 1941 年开始，澳大利亚政府开始保护袋獾。

袋獾的尾巴中储存着大量脂肪。对袋獾来说，一条瘦瘦的尾巴可不是健康的表现。

貂熊传奇

在零度以下的天气中，一只貂熊可以轻而易举地爬上一座冰雪皑皑的陡峭山峰。

科学家通过标记的貂熊发现，貂熊在一天之内能够在丘陵地区徒步行进约 130 千米。

问题

如果你驾车行驶的时速是 65 千米，那么多长时间可以行进 130 千米？

答案

2 小时

一只貂熊就可以让一群狼望风而逃。

貂熊实在是太凶猛了，科学家们只有事先用麻醉枪向其注射镇静剂后才能靠近它们。

释义

注射镇静剂指的是通过向动物注射麻醉药品使其安静下来。动物管理员和公园管理员向动物们注射药品而非发射子弹使动物们小睡一会儿。

袋獾传说

据说，袋獾的叫声非常恐怖。

本书入侵者

蜜獾生气了。它为什么不能出现在这本书里？蜜獾能够抓住眼镜蛇，迅速扭下它的脑袋。蜜獾毫不惧怕貂熊或袋獾。它们简直无所畏惧！

关于名字

蜜獾之所以叫作“蜜獾”，是因为它们能毫无畏惧地把头伸进非洲杀人蜂的蜂巢中去获取蜂蜜。

释义

入侵者指的是在未得到邀请的情况下进入他人领地的人或动物。

非洲

小知识

蜜獾分布在非洲和亚洲地区。

蜜獾应该拥有属于自己的一册书吗？你更喜欢哪场战斗？

貂熊对战蜜獾

还是

蜜獾对战袋獾

哇哦！谁更凶猛？

三种令人难以置信的动物！是不是看上去有些相像？

在北美洲，貂熊因为体形的原因被认为是最凶猛的动物。

在澳大利亚，许多人都认为袋獾是世界上同体形动物中最为凶猛的。这算是非常高的赞美了，因为在澳大利亚大陆和塔斯马尼亚岛上，的确生活着许多地球上最凶猛的动物。

生活在非洲的人们则认为蜜獾才是最凶猛的动物。

这三种动物生活在不同的大陆上，它们怎么可能相遇呢？

速　度

一只貂熊的速度可达每小时 48 千米，这比人类的速度要快。

陷　阱

想抓住一只貂熊，最保险的方法莫过于使用木盒陷阱。用一大块鹿肉做诱饵再合适不过了。不过，如果你忘记在 24 小时内查看陷阱，貂熊就会用它锋利的爪子破坏掉木盒，逃出来。

你知道吗？
木盒陷阱不会伤害貂熊。

速 度

袋獾的时速约为 26 千米。

知识拓展

袋獾会爬树，但是它们并不喜欢爬树。

陷 阱

想抓住一只袋獾，最保险的方法是使用 PVC（聚氯乙烯）管陷阱。一块牛排对袋獾来说是不小的诱惑，它们会爬进管道中饱餐一顿。

貂熊和袋獾相遇了，后者发出可怕而尖锐的叫声。

袋獾巨大的叫声着实吓到了貂熊，它后退一步，显得非常不安。

不过，貂熊很快就意识到，袋獾只是会叫，并无任何实质行动。

貂熊向袋獾发起进攻，将其击倒，对着袋獾的面部挥动着爪子。

袋獾停止了尖叫，它的脸太疼了。可是貂熊的爪子再次向它抓去。双方扭打在一起，都想趁机咬住对方。

貂熊的腿和爪子更长一些，它不断地撕扯着袋獾。啊，好痛！

袋獾的眼睛看不见了！貂熊咬住了它，一口又一口。

貂熊大获全胜。这一次，袋獾毫无还手之力。

实力大比拼

参数对比

蜜獾因为自己没有被写进书里非常抓狂。你能帮它为这两只强大的动物评分吗？谁更强呢？

貂熊		袋獾
☐	体形	☐
☐	体长	☐
☐	咬合力	☐
☐	声音	☐
☐	皮毛	☐
☐	爪	☐

这不过是其中一种可能的战斗结果。亲爱的小读者，如果是你，你会如何书写结局呢？

第 5 页问题的参考答案：袋鼬、袋狸。

SCHOLASTIC

WHO WOULD WIN

猜猜谁会赢

大黄蜂对战马蜂

HORNET

VS.

WASP

[美]杰瑞·帕洛塔/著　[美]罗布·博斯特/绘　纪园园/译

中信出版集团·北京

图书在版编目（CIP）数据

大黄蜂对战马蜂 /（美）杰瑞 · 帕洛塔著 ;（美）罗布 · 博斯特绘 ; 纪园园译 . -- 北京 : 中信出版社，2018.1（2024.12 重印）

（猜猜谁会赢）

书名原文 : Who Would Win? Hornet vs. Wasp

ISBN 978-7-5086-7906-8

I. ① 大… Ⅱ . ①杰… ②罗… ③纪… Ⅲ . ①蜂 – 少儿读物 Ⅳ . ① Q969.54-49

中国版本图书馆 CIP 数据核字（2017）第 173638 号

大黄蜂对战马蜂

（猜猜谁会赢）

著　　者：[美] 杰瑞 · 帕洛塔
绘　　者：[美] 罗布 · 博斯特
译　　者：纪园园
出版发行：中信出版集团股份有限公司
（北京市朝阳区东三环北路 27 号嘉铭中心　邮编　100020）
承 印 者：北京尚唐印刷包装有限公司

开　　本：787mm × 1092mm　1/16　　印　　张：26　　字　　数：228.8 千字
版　　次：2018 年 1 月第 1 版　　印　　次：2024 年 12 月第 20 次印刷
京权图字：01-2017-6372
书　　号：ISBN 978-7-5086-7906-8
定　　价：169.00 元（全 13 册）

图书策划：红披风
策划编辑：谢媛媛　　责任编辑：谢媛媛　黄盼盼　　营销编辑：单云龙　谢　沐
装帧设计：谭　潇　颂煜图文　　责任印制：刘新蓉

如果大黄蜂和马蜂狭路相逢，会有什么好戏上演？如果双方打一架，你觉得谁会赢？来了解大黄蜂和马蜂，然后预测一下吧！

认识一下大黄蜂

我是一只亚洲大黄蜂，我的拉丁学名叫作“*Vespa mandarinia*（金环胡蜂）”。大黄蜂家族共有2000多个不同的种类，其中当属我体形最大、攻击性最强了——而且我可以多次蜇刺对手。

实际大小

令人震惊

金环胡蜂是世界上体形最大的大黄蜂。

不要叫我蜜蜂，我可不是蜜蜂。我根本不会酿蜜，我是一只大黄蜂！

认识一下马蜂

我是一只马蜂，身体略带橙色，腰身非常细。准确地说，我也属于胡蜂科，我的拉丁学名叫作“*Polistes perplexus*”。不要靠近我，我可能会蜇你哟！

也不要把我当成一只蜜蜂，我是一只马蜂！

关于昆虫

蚂蚁、蜜蜂、大黄蜂和马蜂的外形颇为相似。科学家们认为它们之间存在一定的联系。它们的身体都由三部分组成：

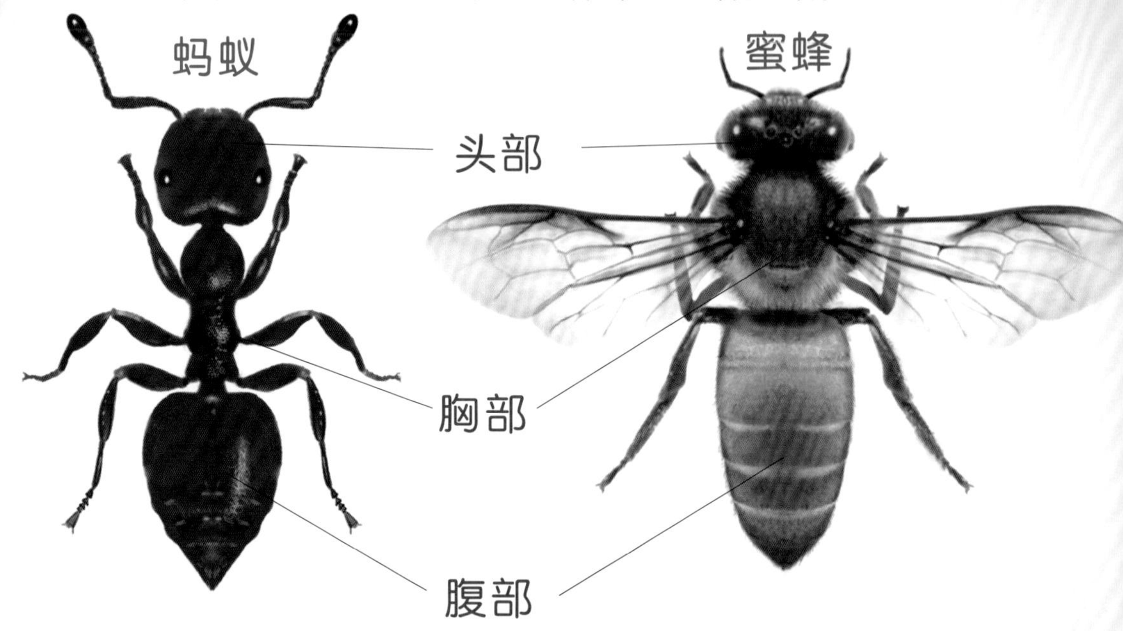

关于足部

昆虫有三对足，生长在胸部。

关于飞行

蜜蜂、大黄蜂和马蜂都生有翅膀，而大多数蚂蚁没有翅膀。

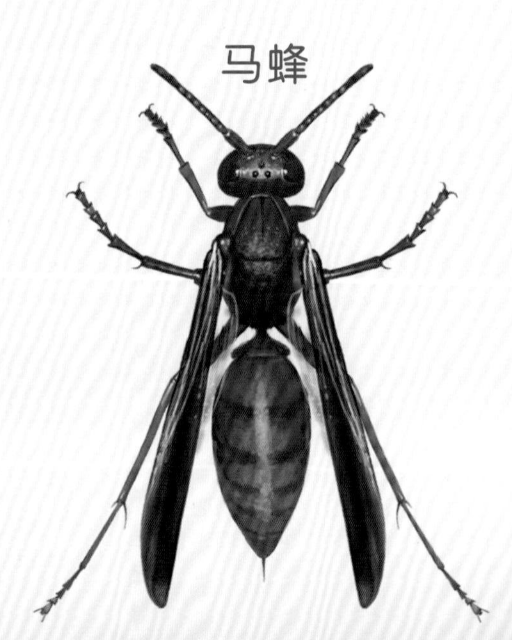

观察它们的身体结构，这四只昆虫的外形是不是很相似呢？

比较一下

蜘蛛的身体由两部分组成——头胸部和腹部。

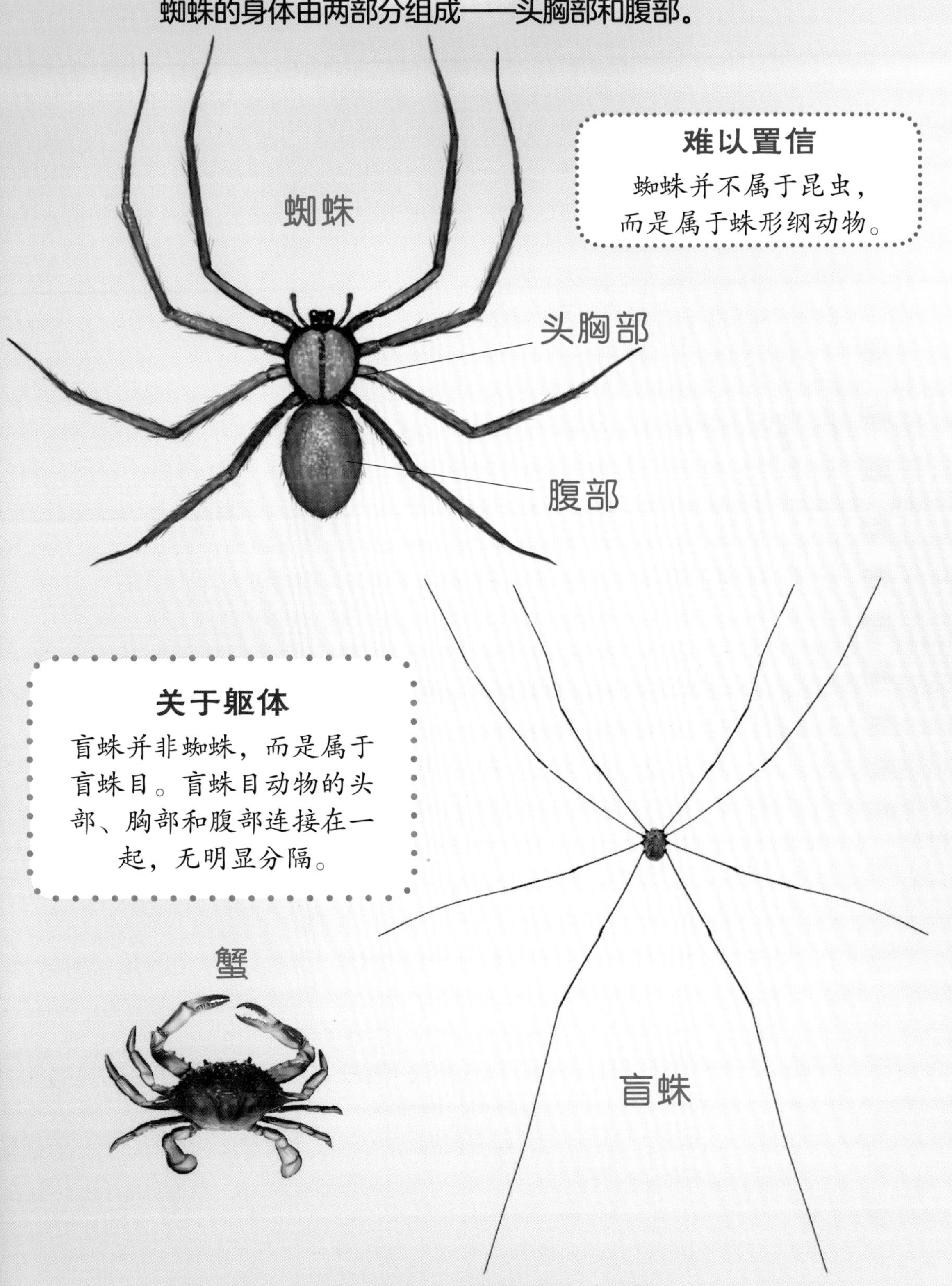

难以置信

蜘蛛并不属于昆虫，而是属于蛛形纲动物。

关于躯体

盲蛛并非蜘蛛，而是属于盲蛛目。盲蛛目动物的头部、胸部和腹部连接在一起，无明显分隔。

蟹的头部、胸部和腹部也是连接在一起的。

关于蜜蜂

蜜蜂能够为植物授粉。它们把花粉（一类特殊的粉末）带在腿上，然后飞到另外一株植物上，而这一过程则帮助了植物进行繁殖。

绿芦蜂

蜜蜂

趣事百科

蜜蜂的足是用来收集花粉的。

怪事百科

蜜蜂的前足是用来走路以及清理触角的。

熊蜂

木蜂

关于绒毛

大多数蜜蜂身上都覆盖着密密麻麻的绒毛。

关于蜜蜂的更多知识

地球上大约有两万种不同种类的蜜蜂，有花朵的地方就有蜜蜂的身影。不过，南极洲可没有蜜蜂。

分舌蜂

切叶蜂

青蜂（寄生蜂）

冷知识

蜂蜜是蜜蜂的呕吐物。

兰花蜜蜂

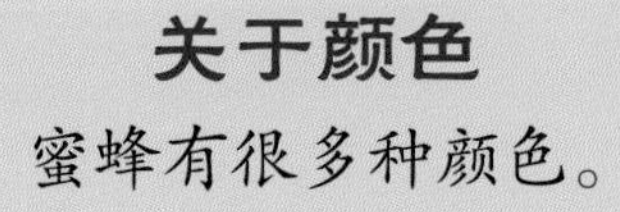

关于颜色

蜜蜂有很多种颜色。

关于花朵

乔木、灌木、花、杂草、蔬菜，以及其他植物都会开花，而蜜蜂则会一一光顾这些花朵。

玫瑰花

苹果花

连翘花

紫星蓟

矢车菊

你知道吗？

工蜂唇舌末端有一个类似刷子的结构，能够从花朵上采集花蜜。

关于蜂蜜

蜂蜜是蜜蜂为它们的蜂巢酿造的甜品。当蜜蜂从花朵上采集完花蜜后，会消化其中的一部分，接着，蜜蜂会飞回蜂巢，将花蜜反刍进蜂巢——蜂蜜就是这样酿造出来的。

释义

反刍的意思是吐出来。

百科

一只蜜蜂一生仅酿造1/12茶匙的蜂蜜。

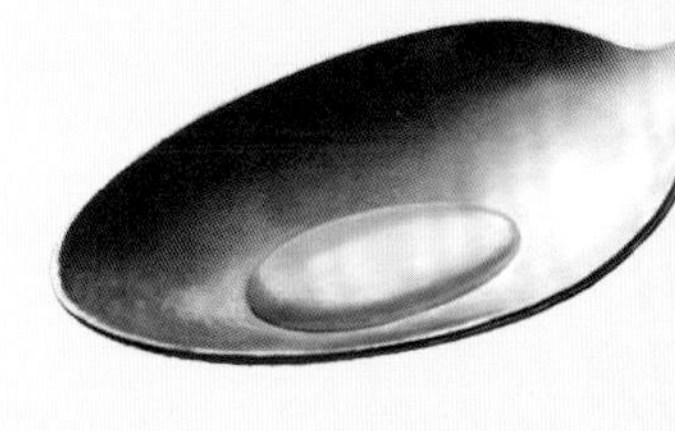

蜂巢中共有三种不同类型的蜜蜂：一只蜂王，多只雄蜂和工蜂。

蜂王

产卵

雄蜂

与蜂王交配

工蜂

采蜜

你知道吗?

雄蜂不会蜇人。

一张不凡的脸孔

你觉得我大黄蜂的这张脸怎么样？简直帅呆了是不是！我应该去好莱坞科幻大片试镜，我肯定能成为大明星的！

你知道吗？

大黄蜂、马蜂和蜜蜂都拥有复眼。

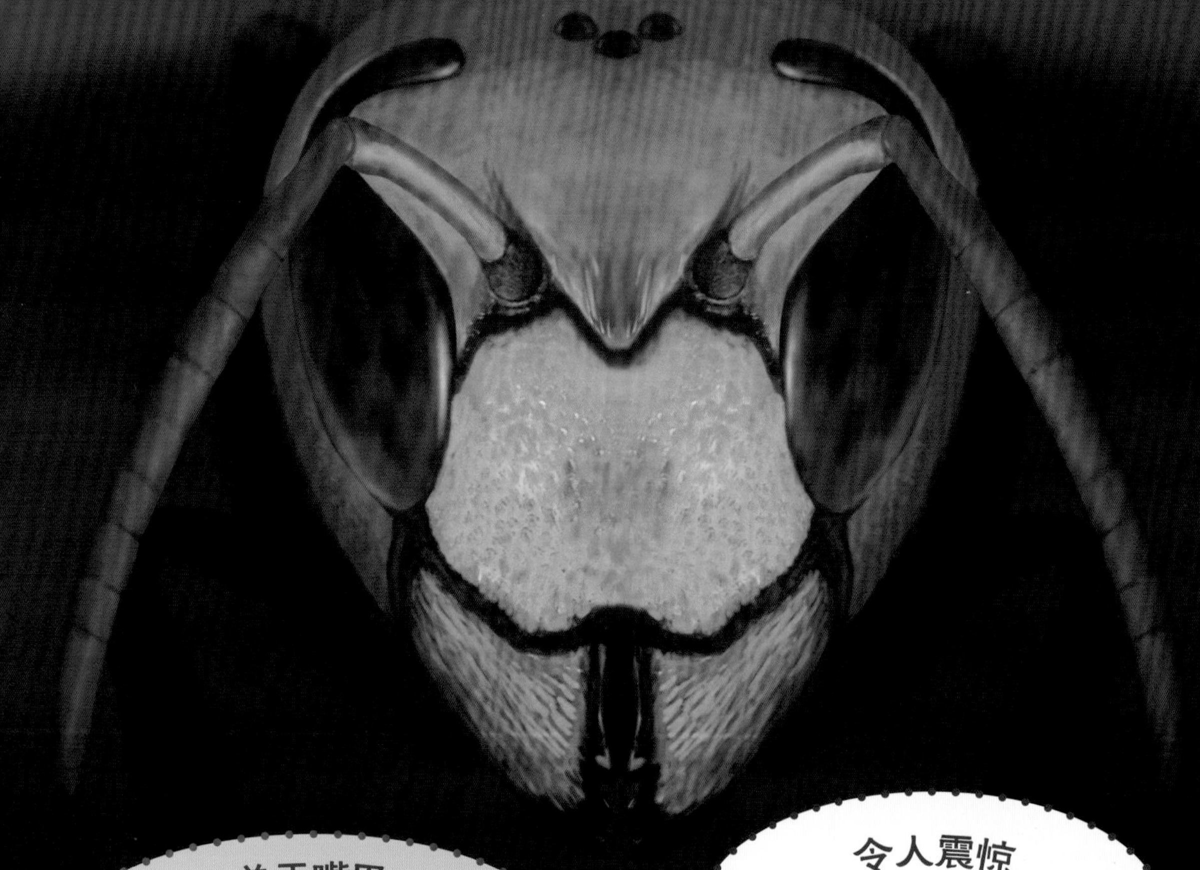

关于嘴巴

大黄蜂的颚十分强大，可以用来撕咬！

令人震惊

复眼能帮助昆虫瞬间捕捉到多重图像。

我可是极具攻击性的哟，甚至可以说我脾气火暴。

另一张不凡的脸孔

你觉得我马蜂的这张脸怎么样？简直太漂亮了是不是！这张脸应该被做成一张万圣节的面具，保证会吓到你！

百科

大黄蜂和马蜂拥有复眼，不仅如此，在它们的头顶上，还长着三只单眼。

关于撕咬

马蜂的颚也十分强大！

你知道吗？

马蜂和大黄蜂可以使用触角感觉物体、品尝味道和听到声音。

如果你打扰了我，我也会很凶狠的。

大黄蜂的家

这就是我住的地方——大黄蜂的巢。

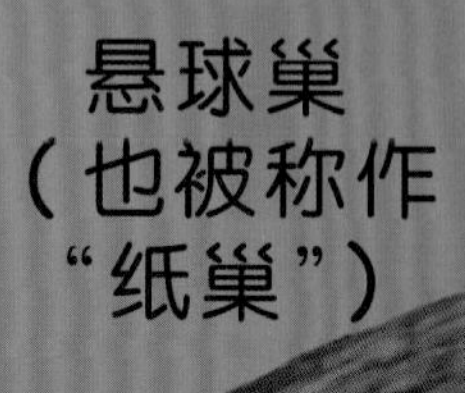

关于唾液

大黄蜂用唾液混合木头咀嚼，来制作悬球巢。

你知道吗？

大型的大黄蜂巢内部分为不同层次，以哺育幼虫。

伞状巢

释义

幼虫指的是刚刚孵化的昆虫，它们看上去像是蠕虫。

趣事百科

这种巢的材料像纸一样，在人类发明造纸术之前，大黄蜂已经懂得如何造纸了。

马蜂的家

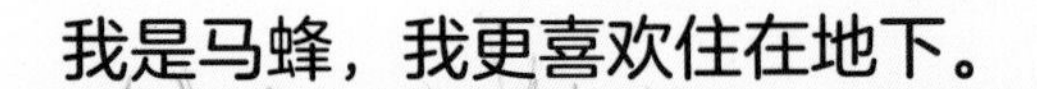

我是马蜂，我更喜欢住在地下。

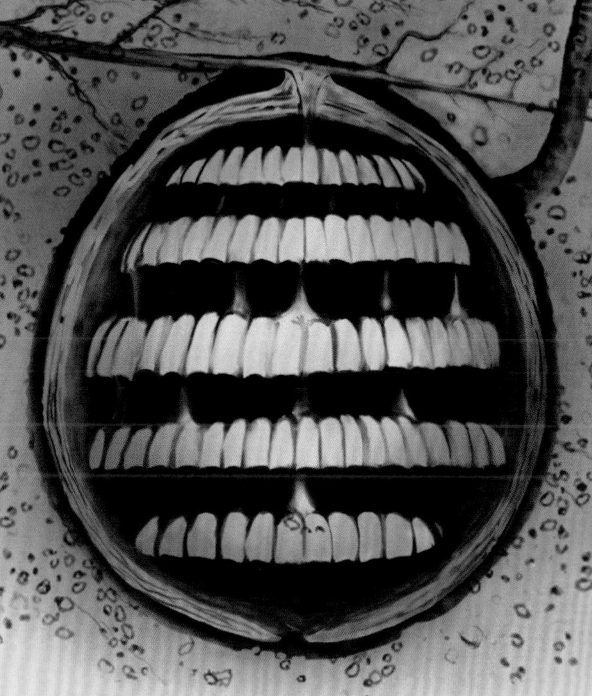

百科

马蜂会自己挖掘地道，有时也会利用废弃的地洞。

有时候我会造一个泥巢，没准儿会建在你的房子里哟。

泥巢剖面图

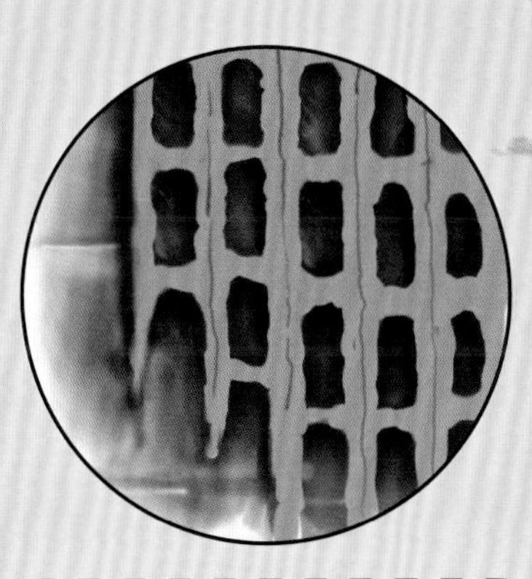

泥巢

关于泥巢

马蜂将泥土和唾液混合制造泥巴。

大黄蜂的食物

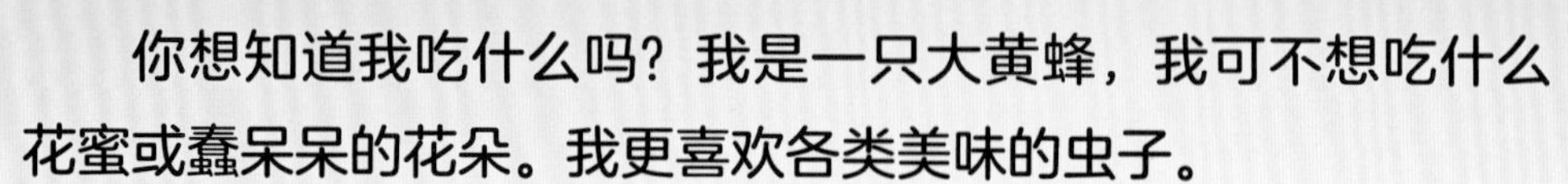

你想知道我吃什么吗？我是一只大黄蜂，我可不想吃什么花蜜或蠢呆呆的花朵。我更喜欢各类美味的虫子。

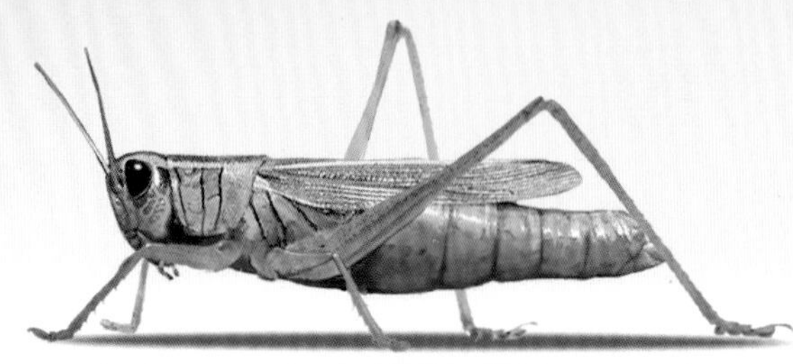

百科

大黄蜂会袭击蜜蜂巢，杀死蜜蜂，窃食幼虫。

我有时候会吃动物尸体，或者你的垃圾。

马蜂的食物

我是马蜂，我爱吃肉——尤其是蜘蛛、毛毛虫、臭虫和其他昆虫。我也喜欢人类的食物。

趣事百科

野餐的时候，马蜂可能会追着你的汉堡包嗡嗡直叫哟。

你知道吗？

马蜂有时候也会光顾花朵，喝一点儿花蜜。

太恶心了！

不要看

马蜂喜欢路上的死尸。如果你不小心看到一条死蛇身上聚着一群马蜂，可不要大惊小怪，那太正常了。

翅膀和足

大黄蜂有四只翅膀，两侧各有一只前翅和一只后翅。飞行时，前翅和后翅会钩连在一起。

你知道吗？

大黄蜂翅膀上的钩子叫作“翅钩”，看上去像是衣服的拉链一样。

趣事百科

大黄蜂的腿上有多个关节，而且每条腿有不止一个“膝盖”。

太神奇了！

大黄蜂一分钟可以拍打翅膀一万次。

足和翅膀

马蜂也有四只翅膀。

大黄蜂的刺

蜜蜂蜇人后会很快死亡，但是大黄蜂可以多次蜇人。

百科

大黄蜂的腹部分为多个小节，可以旋转完成漂亮的蜇刺动作。

这是闭合的大黄蜂的刺，上面分布着细小的倒刺。

释义

分节的意思是指分为多个体节。

你能做到吗?

大黄蜂的飞行时速约为 24 千米，你能超越它吗?

马蜂的刺

马蜂的刺比较平整，而且也可以多次蜇人。

能够蜇人的其他动物

蜜蜂、黄貂鱼、水母、鸭嘴兽和蝎子。

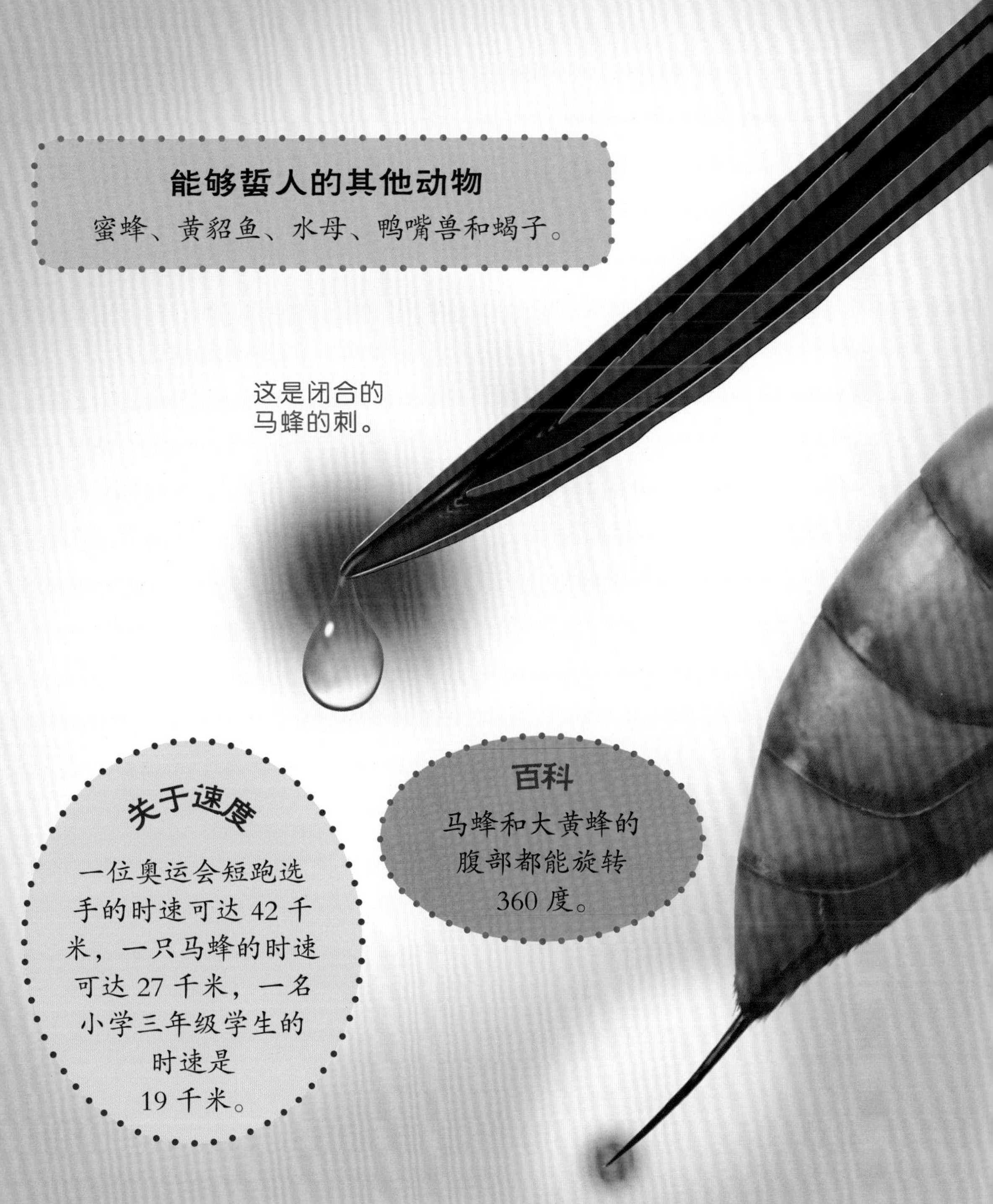

这是闭合的
马蜂的刺。

关于速度

一位奥运会短跑选手的时速可达 42 千米，一只马蜂的时速可达 27 千米，一名小学三年级学生的时速是 19 千米。

百科

马蜂和大黄蜂的腹部都能旋转 360 度。

单单看着这些刺都觉得心里发毛了吧。

历 史

大黄蜂的历史可以追溯到 1.5 亿年前，大黄蜂和恐龙曾经同时在地球上生活。

问题

多少只大黄蜂可以激怒一只霸王龙呢？

这是一只被困在琥珀中的大黄蜂。

释义

琥珀就是凝固的树脂。

你知道吗？

被困在琥珀中的动物可以保存几百万年。

历 史

百科

马蜂的历史也已经有几百万年了。

雷龙对战马蜂

假设马蜂与恐龙生活在同一时期，这个题材是不是又可以好好写一本**“猜猜谁会赢”**的书了呢？

释义

化石是指被保存在地层中的古生物的遗体、遗迹等。

观察1.25亿年前的马蜂化石。化石中的马蜂外形基本与现在的马蜂外形一样，瞧它分节的躯体、翅膀和触角，几乎没有不同。

其他大黄蜂

这是一架战斗机，它的名字叫作“大黄蜂 F/A-18”。它也与真正的大黄蜂一样，能连续多次“叮人”。

“蓝色天使”是隶属于美国海军航空兵的飞行表演队。

关于名字

加州州立大学萨克拉门托分校运动队称自己为“大黄蜂”。

荣誉的象征

有一艘美国海军攻击舰艇 LHD-1 被称作“USS 黄蜂号”。

你知道吗?

LHD 是“登陆直升机母舰”的英文首字母缩写。

百科

共有 8 艘美国海军舰艇被命名为“黄蜂号”。

你知道吗?

有一支英国橄榄球队叫作“伦敦黄蜂”。

伦敦黄蜂队

编者注：此页中的“黄蜂”皆指“马蜂”，并不是“大黄蜂”。为了与人们已经习惯的译法一致，保留了“黄蜂”的说法。

“蜂腰”曾在十八、十九世纪风靡一时。

关于大黄蜂的真实故事

本书的插画作者小时候曾不小心踩到一只大黄蜂的巢，结果被一群大黄蜂追赶着蜇刺。

大黄蜂珠宝

有人以大黄蜂的形象制作珠宝。

释义
胸针指的是背后带有别针的装饰物或珠宝。

胸针

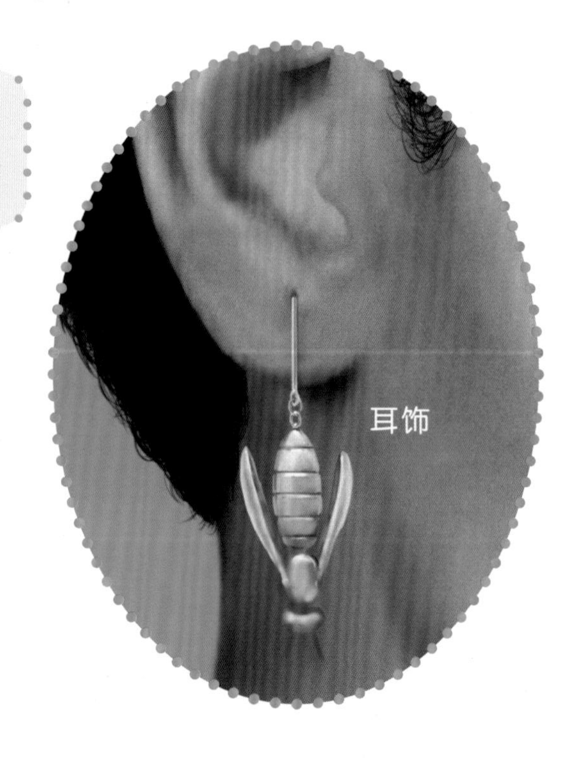

耳饰

关于马蜂的真实故事

本书的作者在少年棒球队打球时，曾在比赛击球时被一只马蜂蜇咬。

而裁判竟然以为击球手在抱怨三振出局的结果。

马蜂珠宝

你会佩戴马蜂形状的戒指吗？

释义

项链指的是戴在脖子上的链形首饰。

一只大黄蜂悄悄飞近一只蜻蜓，而完全没有注意到身旁悄悄飞近的马蜂。

毫无预兆地，大黄蜂对蜻蜓发起突然袭击，不过马蜂瞅准时机，对着大黄蜂的眼睛猛蜇了一下。

受伤的大黄蜂打着圈儿地飞着，想弄明白刚刚那一瞬间到底发生了什么。而马蜂为了避免战斗，决定溜之大吉。

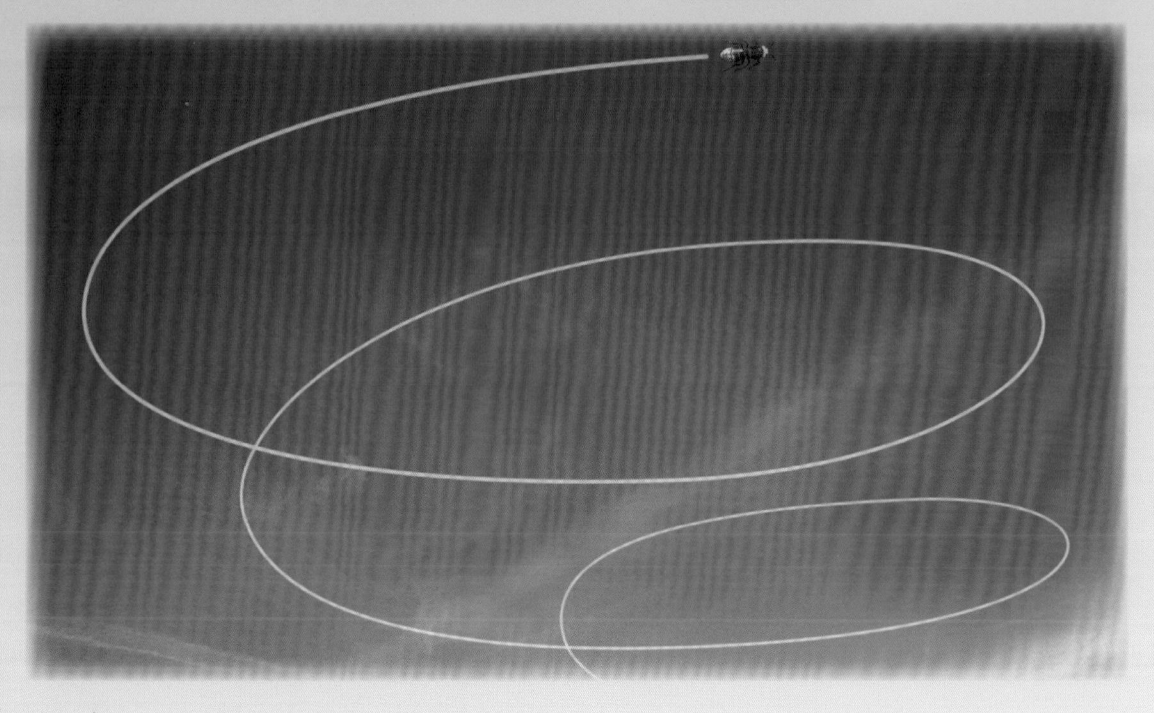

大黄蜂可不是好惹的，它迅速向马蜂追去，对着后者一阵猛攻，接连蜇了对方好几下。

马蜂掉落在地，企图逃走。被大黄蜂蜇得太疼了！但是，大黄蜂又追了上来。

大黄蜂对着马蜂的脑袋又是两次蜇刺。马蜂企图反击，但却无能为力——它受伤太重了。

马蜂因伤势过重而死亡，大黄蜂仅仅眼部受伤。战斗结束了——大黄蜂取得了胜利。

它决定吃掉马蜂。

实力大比拼

参数对比

大黄蜂		马蜂
□	速度	□
□	攻击性	□
□	体形	□
□	巢穴	□
□	面孔	□

这不过是其中一种可能的战斗结果。亲爱的小读者，如果是你，你会如何书写结局呢？